钢结构建筑装饰施工与管理研究

王峰 孙韬 著

吉林大学出版社

·长春·

图书在版编目(CIP)数据

钢结构建筑装饰施工与管理研究 / 王峰，孙韬著
. — 长春：吉林大学出版社，2020.7
ISBN 978-7-5692-6995-6

Ⅰ. ①钢… Ⅱ. ①王… ②孙… Ⅲ. ①钢结构－建筑
装饰－工程施工－施工管理 Ⅳ. ①TU758.11

中国版本图书馆 CIP 数据核字(2020)第 168275 号

书　　　名	钢结构建筑装饰施工与管理研究	
	GANGJIEGOU JIANZHU ZHUANGSHI SHIGONG YU GUANLI YANJIU	
作　　　者	王　峰　孙　韬　著	
策划编辑	黄忠杰	
责任编辑	宋睿文	
责任校对	刘守秀	
装帧设计	亿博林轩	
出版发行	吉林大学出版社	
社　　　址	长春市人民大街 4059 号	
邮政编码	130021	
发行电话	0431－89580028/29/21	
网　　　址	http://www.jlup.com.cn	
电子邮箱	jdcbs@jlu.edu.cn	
印　　　刷	三美印刷科技(济南)有限公司	
开　　　本	787mm×1092mm　1/16	
印　　　张	12.25	
字　　　数	220 千字	
版　　　次	2020 年 7 月　第 1 版	
印　　　次	2020 年 7 月　第 1 次	
书　　　号	ISBN 978-7-5692-6995-6	
定　　　价	58.00 元	

前　言

　　21 世纪初是我国建筑钢结构发展突飞猛进的时代。随着中华人民共和国的成立以及国民经济的高速发展,我国钢铁产量快速增长,建筑用钢的品种、规格逐步齐全,性能也不断提高,为我国建筑钢材料的发展提供了良好的物质基础。源于建筑师越来越丰富的想象力,基于计算机超凡的结构计算能力,新型、复杂的空间钢结构层出不穷。在日新月异的城市建设中,一大批各具特色的钢结构建筑陆续拔地而起,快速地推进了建筑钢结构技术的发展。

　　本书共分为 5 章内容,分别为:绪论、钢结构制作工艺、钢结构建筑装饰工程技术研究、钢结构施工安全、钢结构工程的质量管理。本书以提高读者的职业实践能力和职业素质为宗旨,通过这 5 章内容,使读者系统地掌握钢结构建筑装饰施工能力与管理能力,培养读者的处理施工问题的能力。

　　本书在写作过程中引用了大量国内外学者的相关研究成果,在此表示深深的谢意,对于遗漏标注者,表示深深歉意。由于笔者水平有限,书中难免存在不足和遗漏之处,敬请专家和广大阅读者批评指正。

作　者

2020 年 4 月

目　录

第1章 绪 论

钢结构是由钢制材料组成的结构,是主要的建筑结构类型之一。结构主要由型钢和钢板等制成的钢梁、钢柱、钢桁架等构件组成,并采用硅烷化、纯锰磷化、水洗烘干、镀锌等除锈防锈工艺。各构件或部件之间通常采用焊缝、螺栓或铆钉进行连接。因其自重较轻,且施工简便,广泛应用于大型厂房、场馆等领域。本章的主要内容就是对钢结构作简要概述。

1.1 钢结构的适用范围

1.1.1 钢结构的特点

钢结构的主要特点有:轻质高强;材质均匀、稳定;生产工业化程度高,施工工期短;韧性好;密封性强;耐腐蚀性较差;耐火性差;单价较高。

1.1.2 钢结构的适用性

建筑结构设计选用材料时,主要是从技术性能及经济性能出发。

钢结构轻质高强,但单价相对较高,所以当其他传统结构的自重荷载与总荷载之比较大(约 70% 以上)时,把传统结构改成钢结构就可以使结构自重大幅减轻,总荷载也大幅减小,带来可观的整体效果。反之,若结构减轻带来的效益还不如单价提高的负效应,采用钢结构就不经济。大量的轻钢厂房代替传统的混凝土结构单层工业厂房,其主要原因就是混凝土屋面的结构自重占总荷载之比达 80% 以上,轻钢厂房屋面重 20~30 kg/m² 代替了 250 kg/m² 以上的钢筋混凝土屋面(包括整浇层和防水层),其整体效应相当可观。而多层钢结构楼面之所以目前还不能大面积地推广,问题也在于其活荷载比例较高,减轻结构自重对总荷载的影响不够显著。

钢结构轻质高强,所以在地震时,受地震作用小。钢结构韧性、延性好,对变形的耐受性好,便于极限状态下结构内力重分布,还可通过塑性变形及维护材料的破损吸收地震能量(但阻尼不如传统结构)。所以在强地震区,采用钢结构有其内在的优势。当然,主体结构采用钢结构后,楼面、屋顶及墙板也要向轻质化发展。

钢结构生产工业化程度高,现场用工少,工期短,这在劳动力价格不断上升、社会发展节奏显著加快的今天无疑是一种竞争的优势。在我国沿海地区,这一优势更加明显。沿海地区软土地基分布较广,钢结构的使用可减少基础费用,也是不可忽视的优点,所以在沿海地区,钢结构的使用比内陆地区更为广泛。

对于大跨度结构、超高层建筑及高耸结构这类结构,结构效应函数明显增大,或者是因结构本身的增大会产生二次循环效应的结构,采用钢结构较为合理,而传统的结构到了一定尺度就不能胜任了。

总之,钢结构的推广有其内在的技术、经济原因。钢结构的发展与社会的发展息息相关,设计者应充分研究钢结构的特点、所设计的建筑物特点、自然和社会环境特点及其相关性,在适当的时候选用钢结构才能符合安全、实用、经济及美观的设计原则。

1.2 钢材的选用

1.2.1 钢材强度的选择

钢材强度的选择主要有如下原则。

1. 变形控制的钢结构主体结构材料强度选较低等级,因为所有钢材的弹性模量相同,而低等级材料的单价低,加工方便,延性更好。

2. 强度控制的钢结构主体结构材料强度选较高等级,可以节约钢材、造价和资源。

3. 对由长细比控制或应力水平较低的辅助性构件(如支撑等),材料强度可选较低等级。

4. 当施工条件较差,或施工单位经验不足时,不宜选用超过 Q345 的高强度材料。

1.2.2 钢材冲击韧性指标的选择

钢材质量等级按冲击韧性指标分为 A,B,C,D,E 五等(Q235 无 E,Q345 无 A),分别代表钢材无冲击韧性要求及在常温,0℃,−20℃,−40℃时的冲击韧性达到规定标准。

这一指标的选择合理与否涉及结构的可靠性及造价或采购材料的便利性,所以也会牵涉到工期。在选择这一指标时,应该考虑到表 1−1 中四个影响因素,根据类别分别给与选择因子 μ_1,μ_2,μ_3,μ_4 数值。

表 1−1 选择钢材冲击韧性指标的影响因素选择因子

影响因素	结构重要性(μ_1)	荷载状况(μ_2)	连接状况(μ_3)	使用温度(μ_4)	选择因子数值
类别	三级	静力	全螺栓、无焊接	不低于 0℃	1
	二级	一般动力	大部分工厂焊、工地螺栓	不低于−20℃	2
	一级	疲劳动力	大部分现场、高空焊	不低于−40℃	3

表 1−1 所得的四个选择因子相乘,得 $\mu = \mu_1 \mu_2 \mu_3 \mu_4$,$\mu$ 与材料冲击韧性指标的关系见表 1−2。

表 1-2 选择因子之积 μ 与质量等级关系表

选择因子之积(μ)	2	2～18	18～24	24～54	＞54
质量等级	A	B	C	D	E

按这一方法可以综合考虑各种因素对材质的影响,并定量地确定材料冲击韧性指标。按这一方法确定的钢材冲击韧性指标符合现行《钢结构设计标准》(GB 50017—2017)的有关规定。对于 Q235,满足 D 的要求即满足 E 的要求,故按表得用 E 者,用 Q235D 即可。

1.3 钢结构的基本设计原理

1.3.1 结构设计的目的

结构设计的目的是使所设计的结构做到技术先进、经济合理、安全适用和确保质量。也就是说,力求以最经济的方法,使所建造的结构以适当的可靠度满足下列各项基本功能。

(1)安全性

结构能承受正常施工和正常使用时可能出现的各种作用,包括荷载、温度变化、基础不均匀沉降及地震作用等;在偶然事件发生时及发生后仍能保持必需的整体稳定性,不致倒塌。

(2)适用性

结构在正常使用时,应具备良好的工作性能,满足预定的使用要求,如不发生影响正常使用的过大变形、振动等。

(3)耐久性

结构在正常维护下,随时间变化仍能满足预定功能要求,如不发生严重锈蚀而影响结构的使用寿命等。

上述三方面的功能要求又可概括称为结构的可靠性。结构的可靠性与结构的经济性经常是相互矛盾的,科学的设计方法是在结构的可靠性与经济性之间达到合理的平衡,力求以最经济的途径、适当的可靠度达到结构设计的目的。

1.3.2 钢结构的设计思想

钢结构的设计是在以下设计思想的基础上进行的。

(1)钢结构在运输、安装和使用过程中应具备足够的强度、刚度和稳定性,整个结构必须安全可靠。

(2)应从实际工程出发,合理选用材料、结构方案和构造措施,符合建筑物的使用要求。

(3)尽可能地缩短制造、安装时间,节约劳动量。

(4)尽可能地节约钢材。

(5)结构要便于运输、维护。

(6)在可能的条件下,适当注意美观。

1.3.3 钢结构的设计方法

钢结构的设计过程如下:分析建筑布局→确定结构方案→荷载计算→内力分析→选定材料及规格→构件及连接验算。

精确计算要求上述每一步要很准确,但事实上是很困难的。其主要问题在于:计算模型与实际结构有一定的差距,计算尺寸与实际尺寸有一定的差距,计算荷载与实际荷载有一定的差距。此外,材料性能、施工质量等因素的变化也很复杂。因此,我国钢结构的计算方法近70年来经历了4次大的变化。

1. 总安全系数的容许应力计算方法

1957年以前采用这种方法,主要是把钢材可以使用的最大强度除以一个笼统的安全系数,作为结构设计计算时构件容许达到的最大应力,即允许应力法。此法最大的优点是简单、明确,但是其安全系数主要由经验确定且单一(对不同类型、荷载情况下的结构都采用同一个安全系数),从可靠度观点看不够合理、准确,不能保证所设计的各种结构具有比较一致的可靠度水平。

2. 三个系数的极限状态计算方法

1957—1974年使用的方法,主要是根据结构使用上的要求,在结构中规定两种使用极限状态,即承载能力的极限状态和变形极限状态。同时,引入三个系数,即以超载系数 K'_1 考虑荷载可能的变动,以材料均质系数 K'_2 考虑材料性质的不一致性,以工作条件系数 K'_3 考虑结构及构件的工作特点以及某些假定的计算图示与实际情况不完全相符等因素。这种方法的优点是比较细致,特别是荷载与材料强度取值上分别部分地考虑了概率原则,缺点是某些系数的确定有时缺乏客观依据和科学方法。

3. 以结构极限状态为依据,经过多系数分析后,采用单一设计安全系数的容许应力计算方法

这是1974—1988年采用的方法,它以结构极限状态(强度、稳定、疲劳、变形等)为依据,对影响结构安全度的诸因素做数理统计,并结合工程实践经验进行分析。其实质是半概率、半经验的极限状态计算方法。这种方法对结构可靠性的处理有所改进。

4. 以概率论为基础的一次二阶矩极限状态设计法

这是目前钢结构设计规范所采用的方法,主要是引入了可靠性设计理论,把影响结构构件可靠性的各种因素都视为独立的随机变量,根据统计分析确定失效概率来度量结构构件的可靠性。整个结构或结构的某一部分超过某一特定状态就不能满足设计规定的某一功能要求,此特定的状态称为该功能的极限状态。结构的极限状态可分为以下两类。

(1)承载能力极限状态

这种极限状态对应于结构构件达到最大承载能力或不适宜继续承载的变形。这里有两个极限准则:一个是最大承载力,另一个是不适宜继续承载的变形。对于钢结构来说,两个极限准则都采用,且第二个准则主要应用于钢结构。

(2)正常使用极限状态

这种极限状态对应于结构构件达到正常使用或耐久性能的某项规定限值。对钢结构来说,主要是控制构件的刚度,避免出现影响正常使用的过大变形或在动力作用下的较大振动。

按极限状态方法设计钢结构时,结构构件的极限状态方程可表达为

$$Z = g(X_1, X_2, \cdots, X_n) = 0 \tag{1-1}$$

其中,$X_1, X_2, \cdots, X_n$ 是影响结构构件可靠性的随机变量,如材料的抗力、几何参数和各种作用产生的效应,各种作用包括恒荷载、活荷载、地震、温度变化及支座沉陷等。$Z = g(X_1, X_2, \cdots, X_n)$ 称为结构的功能函数。

将各因素概括为两个基本变量 S、R,则结构的功能函数为

$$Z = g(S, R) = R - S \tag{1-2}$$

式中:S——各种作用对结构构件产生的效应;

R——结构构件的抗力。

S 与 R 之间存在下列关系:

$$\begin{cases} R > S \\ R < S \\ R = S \end{cases} \tag{1-3}$$

即有可能出现 $S > R$(结构失效),也就是说结构设计存在风险,不能保证绝对安全。但是,只要存在的风险很小,或者说 $S > R$ 的概率(失效概率)很小,小到人们可以接受的程度,就说这一结构的安全性是应当认可的。因此,对结构的安全保证,只能是一定概率的保证,而这一概率当然不是百分之百,在此基础上的计算方法称为概率法。因此,概率法的实质是考虑"$Z = R - S < 0$"这一事件的概率,即结构构件的失效概率为

$$p_f = g(R - S) < 0 \tag{1-4}$$

设 R 和 S 的概率统计值均服从正态分布,可分别算出它们的平均值 μ_R、μ_S 和标准差 σ_R、σ_S,则极限状态函数 $Z = R - S$ 也服从正态分布,它的平均值和标准差分别为

$$\mu_Z = \mu_R - \mu_S, \quad \sigma_Z = \sqrt{\sigma_R^2 + \sigma_S^2} \tag{1-5}$$

图 1-1 表示极限状态函数 $Z = R - S$ 的正态分布。图中由 $-\infty$ 到 0 的阴影面积表示 $g(R - S) < 0$ 的概率,即失效概率 p_f 需采用积分法求得。由图 1-1 可见,Z 的标准差 σ_Z 与平均值 μ_Z 之间存在下列关系:

$$\mu_Z = \beta \sigma_Z \tag{1-6}$$

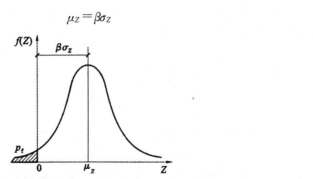

图 1-1 $Z = R - S$ 的正态分布

即由 $Z = 0$ 到平均值 μ_Z 的距离等于 $\beta \sigma_Z$。只要分布一定,p_f 与 β 就有一一对应的关系。β 愈大,p_f 就愈小;β 愈小,p_f 就愈大。这就说明 β 值完全可以作为衡量结构可靠度的一个数量指标。我们把 β 称为可靠指标,由下式计算:

$$\beta=\frac{\mu_Z}{\sigma_Z}=\frac{\mu_R-\mu_S}{\sqrt{\sigma_R^2+\sigma_S^2}} \tag{1-7}$$

由于 R 和 S 的实际分布规律相当复杂,我们采用了典型的正态分布,因而算得的 β 和 p_f 值是近似的,故称为近似概率极限状态设计法。在推导 β 公式时,只采用了 R 和 S 的二阶中心矩,同时做了线性化的近似处理,故又称为"一次二阶矩法"。

有了结构构件的失效概率 p_f 或可靠指标 β 作为结构的可靠度的定量尺度后,就可以真正从数量上对结构可靠度进行对比分析。但是如何选择一个结构最优的失效概率或者可靠指标,以达到结构可靠度与经济的最佳平衡呢?因为找不到一种合理的定量分析方法,所以这是一个难题。目前,很多国家都从实际出发,采用"校准法"。所谓"校准法",就是对按原有使用多年的规范设计的结构反算其隐含的可靠指标,再考虑使用经验和经济等因素来确定新的可靠指标。因为它以长期工程实践为基础,所以能为人们所接受。

《建筑结构可靠性设计统一标准》(GB 50068—2018)规定,对于承载能力极限状态,结构构件的可靠指标应根据结构构件的破坏类型和安全等级按照表 1-3 选用。

表 1-3 结构构件承载能力极限状态设计时的可靠指标 β 值

破坏类型	安全等级		
	一级	二级	三级
延性破坏	3.7	3.2	2.7
脆性破坏	4.2	3.7	3.2

注:1. 对民用建筑的安全等级可按有关民用建筑等级标准的规定采用,工业建筑钢结构一般为二级。

2. 当有充分依据时,采用的 β 值,可对本表规定做不超过 ±0.25 幅度的调整。

按照给定的 β 值直接进行设计比较麻烦,目前还有困难,主要是因为有些统计参数不易求得,而且此表达式与设计人员以前习惯用的计算方法相差甚远,不易被人接受。解决的办法是一次二阶矩法等效地转化为分项系数表达式。

当结构上同时作用多种荷载时,由于这些荷载都同时以其标准值(正常情况最大值)出现的概率较小,应对有关标准值进行折减,即乘以小于 1.0 的组合系数,这样才能使该构件所具有的可靠指标与仅有一种可变荷载情况有最佳的一致性。这样用分项系数表达的极限状态设计表达式为图 1-6 中式(1-1)。

对于一般的排架、框架结构,由于确定能产生最大荷载效应的第 i 个可变荷载较为复杂,为简便计算,可采用下列简化的设计表达式:

$$\gamma_0\left(\gamma_G S_{G_k}+\psi\sum_{i=1}^{n}\gamma_{Q_i}k S_{Q_{ik}}\right)\leqslant R \tag{1-8}$$

式中:ψ——简化设计表达式采用的荷载组合系数,当参与组合的可变荷载有两种或两种以上,并有风荷载时,取 $\psi=0.85$,其他情况取 $\psi=1.0$。

对于正常使用极限状态,应使结构或构件在荷载标准值及组合值作用下所产生的变形和裂缝等不超过相应的容许值。根据不同的情况,分别考虑荷载的短期效应组合或长期效应组合。对钢结构,只需考虑短期效应组合,其组合为

$$S_S=S_{G_k}+S_{Q_{1k}}+\sum_{i=2}^{n}\psi_{c_i}S_{Q_{ik}}\leqslant[S] \tag{1-9}$$

式中：S_{G_k}——永久荷载标准值在结构或构件中产生的变形值；

　　　$S_{Q_{1k}}$——第 1 个可变荷载标准值在结构或构件中产生的变形值（该值大于其他第 i 个可变荷载标准值产生的变形值）；

　　　$S_{Q_{ik}}$——第 i 个可变荷载标准值在结构或构件中产生的变形值；

　　　$[S]$——结构或构件的容许变形值，按规范规定采用。

有时只需要保证结构或构件在可变荷载作用下产生的变形能够满足正常使用要求，此时，式（1-9）中的 S_{G_k} 可不计入。

1.4　钢结构的组成和特点

1.4.1　钢结构的组成

钢结构在建筑工程中被广泛地应用。由于使用功能及结构组成方式不同，钢结构种类繁多，形式各异。这些钢结构尽管用途、形式各不相同，但它们都是由钢板和型钢经过加工、组合、连接制成，如将拉杆（有时还包括钢索）、压杆、梁、柱及桁架等基本构件按一定方式通过焊接和螺栓连接组成，用来满足使用要求。

下面结合单层房屋和多层房屋对如何按一定方式将基本构件组成满足各种使用功能要求的钢结构作简要说明。

单层房屋钢结构的特点是主要承受重力荷载，水平荷载风力及吊车制动力等一般属于次要荷载。对于这类结构，一般的做法是形成一系列竖向的平面承重结构，并用纵向构件和支撑构件把它们连成空间整体。这些构件也同时起到承受和传递纵向水平荷载的作用。如图 1-2 所示是单层房屋钢结构组成示意图，图中屋盖桁架和柱组成一系列的平面承重结构如图 1-2(a)。这些平面承重结构又用纵向构件和各种支撑（如图中所示的上弦横向支撑、垂直支撑及柱间支撑等）连成一个空间整体如图 1-2(b)，保证整个结构在空间各个方向都成为一个几何不变体系。除此之外，还可以由实腹的梁和柱组成框架或拱。框架和拱可以做成三铰、二铰或无铰，跨度大的还可以用桁架拱。

上述结构均属于平面结构体系，其特点是结构由承重体系及附加构件两部分组成，其中承重体系是一系列相互平行的平面结构，结构平面内的垂直和横向水平荷载由它承担，并在该结构平面内传递到基础。附加构件（纵向构件及支撑）的作用是将各个平面结构连成整体，同时承受结构平面外的纵向水平力。当建筑物的长度和宽度接近，或平面呈圆形时，如果将各承重构件自身组成空间几何不变体系并省去附加构件，受力就更为合理。如图 1-3 所示为平板网架屋盖结构，它由倒置的四角椎体组成，锥底的四边为网架的上弦杆，锥棱为腹杆，连接各椎顶的杆件为下弦杆。屋架的荷载沿两个方向传到四边的柱上，再传至基础，形成一种空间传力体系。因此，这种结构体系也称为空间结构体系。这个平板网架中，所有的构件都是主要承重体系的部件，没有附加构件，因此内力分布合理，能节省钢材。

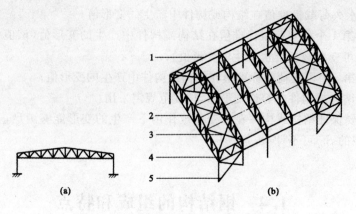

图1-2 单层房屋钢结构组成示意图
1—纵向构件;2—屋架;3—上弦横向支撑;4—垂直支撑;5—柱间支撑

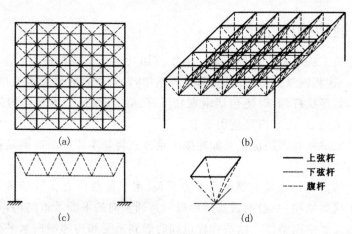

图1-3 平板网架屋盖结构

多层房屋钢结构的特点是房屋高度越高,水平风荷载(以及地震荷载)所起的作用越大。一般多层钢结构房屋组成的体系主要有:框架体系,即由梁和柱组成的多层多跨框架,如图1-4(a)所示;带刚性加强层的结构,即在两列柱之间设置斜撑,形成竖向悬臂桁架,以承受更大的水平荷载,如图1-4(b)所示;悬挂结构体系,即利用房屋中心的内筒承受全部重力和水平荷载,筒顶有悬伸的桁架,楼板用高强钢材的拉杆挂在桁架上,图1-4(c)所示。

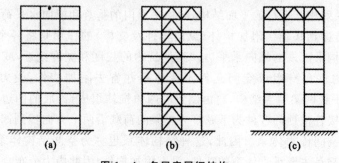

图1-4 多层房屋钢结构

通过以上对房屋钢结构组成的简要分析发现,在满足结构使用功能的要求时,结构必须形成空间整体（几何不变体系），才能有效而经济地承受荷载，具有较高的强度、稳定性和刚度；如果主要承重构件本身已经形成空间整体，不需要附加支撑，可以形成十分有效的结构方案。结构方案的适宜性和施工及材料供应条件也有很大关系，应加以考虑。

本节仅对单层及多层房屋的钢结构组成作了简单介绍，但是其他结构，如桥梁、塔架等，同样也应遵循这些原则。同时应看到，随着工程技术不断发展，以及对结构组成规律不断深入的研究，将会创造和开发出更多的新型结构体系。

1.4.2 钢结构的特点

钢结构在工程中得到了广泛应用和发展，其原因是钢结构与其他结构相比具有以下几种特点。

1. 轻质高强，质地均匀

钢与混凝土、木材相比，虽然质量密度较大，但其屈服点较混凝土和木材要高得多，其质量密度与屈服点的比值相对较低。在承载力相同的条件下，钢结构与钢筋混凝土结构、木结构相比，钢结构构件较小，重量较轻，便于运输和安装。钢材质地均匀，各向同性，弹性模量大，有良好的塑性和韧性，是较为理想的弹塑性体，完全符合目前所采用的钢结构计算方法和基本理论。

2. 生产、安全工业化程度高，施工周期短

钢结构的生产需具备成批大件生产和高度准确性特点，可以采用工厂制作、工地安装的施工方法，所以其生产作业面多，可缩短施工周期，进而为降低造价、提高效益创造条件。

3. 密闭性能好

钢材本身组织非常致密，当采用焊接连接以及螺栓连接时都可以做到完全密封不渗漏。因此，一些要求气密性和水密性好的高压容器、大型油库、气柜、管道等板壳结构都会采用钢结构。

4. 抗震及抗动力荷载性能好

钢结构自重轻，质地均匀，具有较好的延性，因而抗震及抗动力荷载性能较好。

1.5 钢结构的计算

1.5.1 钢结构的计算

钢结构的计算分为两种方法：一般承重结构的强度、稳定和变形计算采用以概率论为基础的极限状态设计法，用分项系数表达式计算；疲劳验算和对变形敏感的网壳稳定验算采用许用应力法（安全系数法）。这是因为后者极限状态的概念或概率统计还不完善。

1.5.2　承重结构的验算

一般承重结构应按承载能力极限状态验算强度与稳定性,按正常使用的极限状态验算变形,其关系如图 1-5 所示。

承重结构计算
- 承载能力极限状态(乘动力系数,荷载取设计值)
  - 基本组合
    - 由可变荷载效应控制,式(1-1)
    - 由永久荷载效应控制,式(1-2)
  - 偶然组合($\gamma = 1.0$)(强震、断线等,按抗震及行业规范)(不一定出现,值很大、短时)
- 正常使用极限状态(荷载取标准值,不乘动力系数,风载乘 β)
  - 短期效应
    - 标准组合(最大值),式(1-3)用于计算结构变形等
    - 频遇组合(时间短),式(1-4)用于计算结构变形、加速度等
  - 长期效应:准永久组合(时间较长),式(1-5)用于计算沉降等

图 1-5　钢结构极限状态验算关系图

图 1-5 所对应的公式如图 1-6 所示。

(罕遇地震验算)偶然组合　$\gamma = 1.0$

$$(1-1)\quad \gamma_0\left(\gamma_G S_{G_k} + \gamma_{Q_1} S_{Q_{1k}} + \sum_{i=2}^{n} \gamma_{Q_i} \psi_{c_i} S_{Q_{ik}}\right) \leqslant R(\gamma_R, f_k, \alpha_k, \cdots)\quad \text{可变荷载效应控制}$$

$$(1-2)\quad \gamma_0\left(\gamma_G S_{G_k} + \sum_{i=1}^{n} \gamma_{Q_i} S_{Q_{ik}}\right) \leqslant R(\gamma_R, f_k, \alpha_k, \cdots)\quad \text{永久荷载效应控制}$$

承载能力极限状态　基本组合

$$(1-3)\quad S_{G_k} + S_{Q_{1k}} + \sum_{i=2}^{n} \psi_i S_{Q_{ik}} \leqslant C \text{——标准组合}$$

$$(1-4)\quad S_{G_k} + \psi_{f_1} S_{Q_{1k}} + \sum_{i=2}^{n} \psi_{q_i} S_{Q_{ik}} \leqslant C \text{——频遇组合}$$

短期效应　正常使用极限状态

$$(1-5)\quad S_{G_k} + \sum_{i=2}^{n} \psi_{q_i} S_{Q_{ik}} \leqslant C \text{——准永久组合} \} \text{长期效应}$$

图 1-6　极限状态验算公式关系图

图 1-6 公式中:γ_0——结构重要性系数,按结构重要性为一、二、三级分别取 1.1,1.0,0.9,在抗震计算时为 1.0;

γ_G——永久荷载分项系数,按表 1-4 选用;

$\gamma_{Q_1}, \gamma_{Q_i}$——第 1 个、第 i 个可变荷载分项系数;

S_{G_k}——按永久荷载标准值计算的结构效应函数;

ψ_{c_i}——可变荷载 Q_i 的组合值系数;

$S_{Q_{ik}}$——按可变荷载标准值 Q_{ik} 计算的结构效应函数;

ψ_{q_i}——准永久值系数;

R——结构抗力函数;

f_k——材料性能标准值;

a_k——几何参数的标准值;

γ_R——结构抗力分项系数;

C——设计对变形、裂缝等规定的相应限值。

以上未加说明的参数可按现行《建筑结构荷载规范》(GB 50009-2012)取值。

1.5.3　结构效应

上述图 1-6 中公式左边为结构效应,较抽象、繁复。但实际上每一种具体的钢结构设

计都有其控制性极限状态效应。罕遇地震验算也是有一定范围限制的。正常使用极限状态的准永久组合及频遇组合效应对大多数工程也无需验算。

表1-4 永久荷载分项系数

荷载效应对结构有利与否	计算内容	γ_G
不利	由可变荷载控制	1.2
	由永久荷载控制	1.35
有利	一般结构计算	1
	倾覆,滑移	0.9

在按图1-6中公式左边计算结构效应时,还需要注意以下问题。

(1)常遇地震作用计算时 γ_0 恒为1.0。水平地震作用、竖向地震作用以及活荷载作为等效质量的代表值均要按现行《建筑抗震设计规范》(GB 50011—2010)确定。此时风的组合值系数为0.2。

(2)罕遇地震计算属偶然作用,所有的荷载分项系数均为1.0。

(3)正常使用极限状态的变形实为广义变形,可以是线位移(层顶水平位移)、角位移(层间位移角)、加速度(舒适度)、沉降(沉降差、绝对沉降),甚至可以是构件的长细比(反映了刚度)等。根据建筑结构的使用条件确定,并有不同的荷载代表值(标准值、频遇值、准永久值)与之对应。

1.5.4 结构抗力及正常使用限值

图1-6中公式的右侧为结构抗力 R 或正常使用的规定限值 C,需注意如下变化。

(1)钢结构的抗力尽管大多以强度形式出现,但实际上其内涵可以是强度,也可以是稳定。钢结构以强度出现的抗力,主要有以下几种特殊变化。

①随着钢材尺寸(厚度、直径)的不同,强度变化。

②单角钢受力(存在偏心),整体按轴压稳定计算时,强度修正。

③单角钢单肢螺栓连接时,连接强度修正。

④地震作用时,强度的修正(考虑概率较小,强度提高)。

(2)正常使用极限状态下广义变形的限值可在现行《钢结构设计标准》(GB 50017—2017)或其他相应规范中查找(常用规定在后续各章中叙述),但钢结构设计中有些特殊问题说明如下。

①预拱问题:钢结构可以用预拱来抵消某些荷载(主要是恒载)引起的变形。但预拱的选择建议按以下方法区别对待。

ⅰ.楼面钢梁的预拱为恒载标准值引起的变形加1/2活载频遇值引起的变形。

ⅱ.屋面钢梁的预拱为恒载标准值引起的变形。

ⅲ.曲线形屋面钢梁,当结构对变形不敏感时(桁架、矢高与跨度之比较大的拱)不必预起拱。当结构对变形较为敏感时(矢高与跨度之比较小的拱),应该预起拱。

ⅳ.悬臂结构凡涉及使用或排水的均应予以起拱。曲线型悬臂结构屋面、雨篷按上一条处理。

②当某些变形值限定之后,结构设计应将这些规定通报其他工种的设计人员,以期取得协调。比如:层间位移限值确定后,就应按此标准选择幕墙平面内变形的等级;建筑物两部分变形之差确定后,管道系统在通过这一变形缝时就应该有相应的措施;当屋面坡度很小时,板的弯曲变形不应造成局部积水。

1.6 钢结构材料

钢结构的含义极为广泛,从广义上讲,凡是以钢铁为基材,经过机械加工组装而成的结构件,均属钢结构的范畴。但是,钢材的种类很多,性能差别也很大,其用途也不同,而适用于建筑钢结构的钢材只是其中的一部分。为此,首先要了解钢结构常用材料的品种、规格及基本性能。

1.6.1 基础知识

1. 黑色金属、钢和有色金属的基本概念

(1)黑色金属主要是指铁和铁的合金,如钢、生铁、铁合金、铸铁等。钢和生铁都是以铁为基础,以碳为主要添加元素的合金,因此统称为铁碳合金。

生铁是把铁矿石放到高炉中冶炼而成的产品,主要用来炼钢和制造铸件。把铸造生铁放在熔铁炉中熔炼,即得到铸铁(液状),把液状铸铁浇铸成铸件,这种铸铁叫铸铁件。铁合金是由铁与硅、锰、铬、钛等元素组成的合金,铁合金是炼钢的原料之一,在炼钢时作钢的脱氧剂和合金元素添加剂用。

(2)把生铁放到炼钢炉内按一定工艺熔炼,即得到钢。钢的产品有钢锭、连铸坯和直接铸成的各种钢铸件等。通常所讲的钢,一般是指轧制成各种钢材的钢。钢属于黑色金属,但钢也不完全等于黑色金属。

(3)有色金属又称非铁金属,指除黑色金属外的金属和合金,如铜、锡、铅、锌、铝以及黄铜、青铜、铝合金和轴承合金等。另外在工业上还采用铬、镍、锰、钼、钴、钒、钨、钛等,这些金属主要用作合金附加物,以此来改善金属的性能,其中钨、钛、钼等多用以生产刀具用的硬质合金。以上这些有色金属都称为工业用金属,此外还有贵重金属(铂、金、银等)和稀有金属,包括放射性的铀、镭等。

2. 常用钢材的分类

钢铁是钢和生铁的统称。钢和铁都是以铁和碳为主要元素组成的合金,是应用最广、用量最大的金属材料。钢铁材料分为生铁、铸铁和钢三类。碳含量(质量比例)大于2%时称为生铁,碳含量为2.5%~3.5%时称为铸铁或铸钢,钢是碳质量分数小于2.11%的铁碳合金。因其资源丰富,可以进行大规模工业化生产,并且性能优异,可以通过各种加工处理来改变其形状、尺寸和性能,故而能更好地满足国民经济发展和人们的多种需求。目前,钢材的生产量和消费量都非常大,已成为非常重要的工业建筑材料。

（1）按建筑用途分类

根据建筑用途分类，钢材可分为碳素结构钢、焊接结构耐候钢、高耐候性结构钢和桥梁用结构钢等专用结构钢。在建筑结构中，较为常用的是碳素结构钢和桥梁用结构钢。

（2）按化学成分分类

按照化学成分的不同，还可以把钢分为碳素钢和合金钢两大类。

①碳素钢。碳素钢是指含碳量小于 1.35％（0.1％~1.2％），含锰量不大于 1.2％，含硅量不大于 0.4％，并含有少量硫磷杂质的铁碳合金。根据钢材含碳量的不同，可把钢划分为以下三种。

低碳钢：碳的质量分数小于 0.25％的钢。

中碳钢：碳的质量分数在 0.25％~0.60％之间的钢。

高碳钢：碳的质量分数大于 0.60％的钢。

此外，碳含量小于 0.02％的钢又称工业纯铁。建筑钢结构主要使用碳素钢。

②合金钢。在碳素钢中加入一种或多种合金元素以提高钢材性能的钢，称为合金钢。根据钢中合金元素含量的多少，可分为以下三种。

低合金钢：合金元素总的质量分数小于 5％的钢。

中合金钢：合金元素总的质量分数在 5％~10％之间的钢。

高合金钢：合金元素总的质量分数大于 10％的钢。

根据钢中所含合金元素的种类的多少，又可分为二元合金钢、三元合金钢以及多元合金钢等钢种，如锰钢、铬钢、硅锰钢、铬锰钢、铬钼钢等。

（3）按品质分类

根据钢中所含有害杂质的多少，工业用钢通常分为普通钢、优质钢和高级优质钢三大类。

①普通钢。一般硫含量不超过 0.050％，但对酸性转炉钢的硫含量要适当放宽，如普通碳素钢。普通碳素钢按技术条件又可分为以下三种。

甲类钢：只保证机械性能的钢。

乙类钢：只保证化学成分，但不必保证机械性能的钢。

特类钢：既保证化学成分，又保证机械性能的钢。

②优质钢。在结构钢中，硫含量不超过 0.045％，碳含量不超过 0.040％，磷含量不超过 0.04％；在工具钢中硫含量不超过 0.030％，碳含量不超过 0.035％，磷含量不超过 0.035％。对于其他杂质，如铬、镍、铜等的含量都有一定的限制。

③高级优质钢。属于这一类的一般都是合金钢。钢中硫含量不超过 0.020％，碳含量不超过 0.030％，磷含量不超过 0.035％，对其他杂质的含量要求更加严格。

上述几种分类方法较为常用或常见，另外还有其他的分类方法。其主要分类方法见表 1-5。应该说明的是各种分类方法不存在好与不好的问题，主要是由于不同需要或不同场合而采用不同的分类方法。在有些情况下，这几种分类方法往往混合使用。

表 1-5　钢的分类

方法			分类
按品质分类			普通钢(P含量≤0.045%~0.085%,S含量≤0.055%~0.065%);优质钢(P含量≤0.030%~0.040%,S含量≤0.030%~0.045%);高级优质钢(P含量≤0.027%~0.035%)
按化学成分分类	碳素钢		低碳钢(C含量≤0.25%);中碳钢(0.25%<C含量≤0.60%);高碳钢(C含量>0.60%)
	合金钢		(1)低合金钢(合金元素总含量≤5%);(2)中合金钢(合金元素总含量在5%~10%之间);(3)高合金钢(合金元素总含量>10%)
按成型方法分类			(1)锻钢;(2)铸钢;(3)热轧钢;(4)冷拉钢;(5)冷轧钢
按用途分类	结构钢	建筑及工程用钢	(1)碳素结构钢;(2)低合金高强度结构钢;(3)钢筋混凝土用钢
		机械制造用钢	(1)调质结构钢;(2)表面硬化结构钢,包括渗碳钢、渗氨钢、表面淬火用钢;(3)易切结构钢;(4)冷塑性成型用钢,包括冷冲压用钢、冷镦用钢
		弹簧钢;轴承钢	
	工具钢		(1)碳素工具钢;(2)合金工具钢;(3)高速工具钢
	特殊性能钢		(1)不锈耐酸钢;(2)耐热钢(抗氧化钢、热强钢、气阀钢);(3)电热合金钢;(4)耐磨钢;(5)低温用钢;(6)电工用钢;(7)磁钢
	专业用钢		如桥梁用钢、船舶用钢、锅炉用钢、压力容器用钢、农机用钢、汽车用钢、航空用钢、化工用钢等
综合分类	普通钢	碳素结构钢	Q195,Q215(A、B),Q235(A、B、C、D),Q255(A、B),Q275(A、B、C、D)
		低合金结构钢和特定用途的普通结构钢	
	优质钢(包括高级优质钢)	结构钢	(1)优质碳素结构钢;(2)合金结构钢;(3)弹簧钢;(4)易切钢;(5)轴承钢;(6)特定用途优质结构钢
		工具钢	(1)碳素工具钢;(2)合金工具钢;(3)高速工具钢
		特殊性能钢	(1)不锈耐酸钢;(2)耐热钢;(3)电热合金钢;(4)电工用钢;(5)高锰耐磨钢
按冶炼方法分类	按炉种分	平炉钢	(1)酸性转炉钢;(2)碱性转炉钢
		转炉钢	(1)底吹转炉钢;(2)侧吹转炉钢;(3)顶吹转炉钢
		电炉钢	(1)电弧炉钢;(2)电渣炉钢;(3)感应炉钢;(4)真空自耗炉钢;(5)电子束炉钢
	按脱氧程度和浇制分		(1)沸腾钢F;(2)半镇静钢;(3)镇静钢Z;(4)特殊镇静钢TZ

　　而钢材按外形可分为型材、板材、管材、金属制品四大类,见表1-6。其中建筑钢结构中

使用最多的是型材和板材。

表 1-6　钢材的分类

类别	品种	说明
型材	重轨	每米重量大于 30 kg 的钢轨(包括起重机轨)
	轻轨	每米重量小于或等于 30 kg 的钢轨
	大型型钢	普通圆钢、方钢、扁钢、六角钢、工字钢、槽钢、等边和不等边角钢及螺纹钢等。按尺寸大小分为大、中、小型
	中型型钢	
	小型型钢	
	线材	直径 5~10 mm 的网钢和盘条
	冷弯型钢	将钢材或钢带冷弯成型制成的型钢
	优质型材	优质圆钢、方钢、扁钢、六角钢等
	其他钢材	包括重轨配件、车轴坯、轮箍等
板材	薄钢板	厚度不大于 4 mm 的钢板
	厚钢板	厚度大于 4 mm 的钢板,可分为中板(4 mm<厚度<20 mm)、厚板(20 mm<厚度<60 mm)、特厚板(厚度>60 mm)
	钢带	也称带钢,实际上是长而窄并成卷供应的薄钢板
管材	无缝钢管	用热轧-冷拔或挤压等方法生产的管壁无接缝的钢管
	焊接钢管	将钢板或钢带卷曲成型,然后焊接制成的钢管
金属制品	金属制品	包括钢丝、钢丝绳、钢绞线等

3. 钢材缺陷术语

钢材的常用缺陷术语如表 1-7 所示。

表 1-7　钢材常用缺陷术语

序号	名称	说明
1	圆度	圆形截面的轧材,如圆钢和网形钢管的横截面,各个方向的直径不等
2	形状不正确	轧材横截面几何形状歪斜、凹凸不平,如六角钢的六边不等、角钢顶角大、型钢扭转等
3	厚薄不均	钢板(或钢带)各部位的厚度不一样,有的两边厚而中间薄,有的两边薄而中间厚,也有的头尾差超过规定的厚薄程度
4	弯曲度	轧件在长度或宽度方向不平直,呈曲线状
5	镰刀弯	钢板(或钢带)的长度方向在水平面上向一边弯曲
6	瓢曲度	钢板(或钢带)在长度和宽度方向同时出现高低起伏的波浪现象,使其成为"瓢形"或"船形"
7	扭转	条形轧件沿纵轴扭成螺旋状
8	脱方、脱矩	方形、矩形截面的材料对边不等或截面的对角线不等

序号	名称	说明
9	拉痕（划道）	呈直线沟状,肉眼可见到沟底分布于钢材的局部或全长
10	裂纹	一般呈直线状,有时呈 Y 形,多与拔制方向一致,但也有其他方向,一般开口处为锐角
11	重皮（结疤）	表面呈舌状或鱼鳞片的翘起薄片:一种是与钢的本体相连接,并折合到表面上不易脱落;另一种是与钢的本体没有连接,但黏合到表面易于脱落
12	折叠	钢材表面局部重叠,有明显的折叠纹
13	锈蚀	表面生成的铁锈,其颜色由杏黄色到黑红色,除锈后,严重的有锈蚀麻点
14	发纹	表面发纹是深度甚浅、宽度极小的发状细纹,一般沿轧制方向延伸形成细小纹缕
15	分层	钢材截面上有局部的、明显的金属结构分离,严重时则分成 2～3 层,层与层之间有肉眼可见的夹杂物
16	气泡	表面无规律地分布呈圆形的大大小小的凸包,其外缘比较圆滑。大部分是鼓起的,也有的不鼓起而经酸洗平整后表面发亮,其剪切断面有分层
17	麻点（麻面）	表面呈现局部的或连续的成片粗糙面,分布着形状不一、大小不同的凹坑,严重时有类似橘子皮状的、比麻点大而深的麻斑
18	氧化颜色	钢板（或钢带）经退火后在表面上呈现出浅黄色、深棕色、浅蓝色、深蓝色或亮灰色等
19	辊印	表面有带状或片状的周期性轧辊印,其压印部位较亮,且没有明显的凸凹感觉
20	疏松	钢不致密性的表现。切片经过酸液侵蚀以后,扩大成许多洞穴,根据其分布可分:一般疏松、中心疏松
21	偏析	钢中各部分化学成分和非金属夹杂物不均匀分布的现象。根据其表现形式可分:树枝状、方框形、点状偏析和反偏析等
22	缩孔残余	在横向酸浸试片的中心部位,呈现不规则的空洞或裂缝。空洞或裂缝中往往残留着外来杂质
23	非金属夹杂物	在横向酸浸试片上见到一些无金属光泽,呈灰白色、米黄色或暗灰色等的色彩,系钢中残留的氧化物、硫化物、硅酸盐等
24	金属夹杂物	在横向低倍试片上见到一些有金属光泽、与基体金属显然不同的金属盐
25	过烧	观察经侵蚀后的显微组织时,往往在网络状氧化物周围的基体金属上可看到脱碳组织,其他金属如铜及其合金则有氧化铜沿晶界呈网络状或点状向试样内部延伸

续表

序号	名称	说明
26	脱碳	钢的表层碳分较内层碳分降低的现象称为脱碳。全脱碳层是指钢的表面因脱碳而呈现全部为铁素体组织部分;部分脱碳是指在全脱碳层之后到钢的含碳量未减少的组织
27	晶粒粗大	酸浸试片断口上有强烈金属光泽
28	白点	它是钢内部破裂的一种。在钢件的纵向断口上呈圆形或椭圆形银白色斑点,在经过磨光和酸蚀以后的横向切片上,则表现为细长的发裂,有时呈辐射状分布,有时则平行于变形方向或无规则地分布

4. 钢材常用的标准术语

钢材常用的标准术语如表1-8所示。

表1-8 钢材常用标准术语

序号	名称	说明
1	标准	标准是对重复性事物和概念所做的统一规定。它以科学、技术和实践经验的综合成果为基础,经有关方面协商并达成一致,由主管机构批准,以特定形式发布,作为共同遵守的准则与依据。目前,我国钢铁产品执行标准有国家标准(GB、GB/T)、行业标准(YB)、地方标准和企业标准
2	技术条件	标准中规定产品应该达到的各项性能指标和质量要求称为技术条件,如化学成分、外形尺寸、表面质量、物理性能、力学性能、工艺性能、内部组织,交货状态等
3	保证条件	按照金属材料技术条件的规定,生产厂应该进行检验并保证检验结果符合规定要求的性能、化学成分、内部组织等质量指标,称为保证条件:(1)基本保证条件:又称为必保条件,是指标准中规定的,无论需方是否在订货合同中提出要求,生产厂必须进行检验并保证检验结果符合规定的项目。(2)附加保证条件:是标准中规定的,只要需方在合同中注明要求,生产厂就必须进行检验并保证检验结果符合规定的项目。(3)协议保证条件:在标准中没有规定,而经供需双方协议并在合同中注明加以保证的项目,称为协议保证条件。(4)参考条件:标准中没有规定,或有规定而不要求保证,由需方提出并经供需双方协商一致进行检验的项目,其结果仅供参考,不作考核,称为参考条件
4	质量证明书	金属材料的生产和其他工业产品的生产一样,是按统一的标准规定进行的,执行产品出厂检验制度,不合格的金属材料不准交货。对于交货的金属材料,生产厂提供质量证明书以保证其质量。金属材料的质量证明书不仅说明材料的名称、规格、交货件数、重量等,而且还提供规定保证项目的全部检验结果。质量证明书,是供方对该批产品检验结果的确认和保证,也是需方进行复检和使用的依据

序号	名称	说明
5	质量等级	按钢材表面质量、外形及尺寸允许偏差等要求不同,将钢材质量划分为若干等级。例如,一级品和二级品。有时针对某一要求制定不同等级,例如针对表面质量分为一级、二级、三级,针对表面脱碳层深度分为一组、二组等,均表示质量上的差别
6	精密等级	某些金属材料,标准中规定有几种尺寸允许偏差,并且按尺寸允许偏差大小不同,分为若干等级,称为精度等级。精度等级按允许偏差分为普通精度、较高精度、高级精度等。精度等级愈高,其允许的尺寸偏差就愈小。在订货时,应注意将精度等级要求写入合同等有关单据中
7	型号	金属材料的型号是指用汉语拼音(或拉丁文)字母和一个或几个数字来表示不同形状、类别的型材及硬质合金等产品的代号。数字表示主要部位的公称尺寸
8	牌号	金属材料的牌号,是给每一种具体的金属材料所取的名称。钢的牌号又称钢号。我国金属材料的牌号,一般都能反映出化学成分。牌号不仅表明金属材料的具体品种,而且根据它还可以大致判断其质量。这样,牌号就简便地提供了具体金属材料质量的共同概念,从而为生产、使用和管理等工作带来很大方便
9	规格	规格是指同一品种或同一型号金属材料的不同尺寸。一般尺寸不同,其允许偏差也不同。在产品标准中,品种的规格通常按从小到大,有顺序地排列
10	品种	金属材料的品种,是指用途、外形、生产工艺、热处理状态、粒度等不同的产品
11	表面状态	主要分为光亮和不光亮两种,在钢丝和钢带标准中常见,主要区别在于采取光亮退火还是一般退火。也有把抛光、磨光、酸洗、镀层等作为表面状态看待的
12	边缘状态	边缘状态是对带钢是否切边而言。切边者为切边带钢,不切边者为不切边带钢
13	交货状态	交货状态是指产品交货的最终塑性变形加工或最终热处理状态。不经过热处理交货的有热轧(锻)及冷轧状态。经正火、退火、高温回火、调质及同溶等处理的统称为热处理状态交货,或根据热处理类别分别称正火、退火、高温回火、调质等状态交货
14	材料软硬程度	指采用不同热处理或加工的硬化程度,所得钢材的软硬程度不同。在有的带钢标准中,划分为特软钢带、软钢带、半软钢带、低硬钢带和硬钢带
15	纵向和横向	钢材标准中所称的纵向和横向,均指与轧制(锻制)及拔制方向的相对关系而言:与加工方向平行者称纵向,与加工方向垂直者称横向。沿加工方向取的试样叫纵向试样,与加工方向垂直取的试样称横向试样。而在纵向试样上打的断口,是与轧制方向垂直的,故叫横向断口;横向试样上打的断口,则与加工方向平行,故称纵向断口

续表

序号	名称	说明
16	理论质量和实际质量	是两种不同的计算交货质量的方法。按理论质量交货者,是按材料的公称尺寸和密度计算得出的交货质量。按实际质量交货者,是按材料经称量(过磅)所得交货质量
17	公称尺寸和实际尺寸	公称尺寸是指标准中规定的名义尺寸,是生产过程中希望得到的理想尺寸。但在实际生产中,钢材实际尺寸往往大于或小于公称尺寸,实际所得到的尺寸称为实际尺寸
18	偏差和公差	由于实际生产中难达到公称尺寸,所以标准中规定实际尺寸和公称尺寸之间允许存在差值,称为偏差。差值为负值称为负偏差,正值称为正偏差。标准中规定的允许正负偏差绝对值之和称为公差。偏差有方向性,即以"正"或"负"表示,公差没有方向性
19	交货长度	钢材交货长度,在现行标准中有四种规定:(1)通常长度:又称不定尺长度,凡钢材长度在标准规定范围内而且无固定长度的,都称为通常长度。但为了包装运输和计量方便,各企业剪切钢材时,根据情况最好切成几种不同长度的尺寸,力求避免乱尺。(2)定尺长度:按订货要求切成的固定长度(钢板的定尺是指宽度和长度)叫定尺长度,例如定尺为 5 m,则一批交货钢材长度均为 5 m。但实际上不可能都是 5 m 长,因此还规定了允许偏差值。(3)倍尺长度:按订货要求的单倍尺长度切成等于订货单倍长度的整数倍数,称为倍尺长度,例如单倍尺长度为 950 mm,则切成双倍尺时为 1 900 mm,三倍尺为 950×3＝2 850 mm 等。(4)凡长度小于标准中通常长度下限,但不小于最小允许长度者,称为短尺长度
20	冶炼方法	指采用何种炼钢炉冶炼而言,例如用平炉、电弧炉、电渣炉、真空感应炉及混合炼钢等冶炼。"冶炼方法"一词在标准中的含义,不包括脱氧方法(如全脱氧的镇静钢和沸腾钢)及浇注方法(如上注、下注、连铸)这些概念
21	化学成分	即产品成分,是指钢铁产品的化学组成,包括主成分和杂质元素,其含量以质量百分数表示
22	熔炼成分	钢的熔炼成分是指钢在熔炼(如罐内脱氧)完毕,浇注中期的化学成分
23	成品成分	即验证分析成分,指从成品钢材上按规定方法(详见 GB/T 222—2006)钻取或刨取试屑,并按规定的标准方法分析得来的化学成分,主要是供使用部门或检验部门验收钢材时使用的。生产厂一般不做成品分析,但应保证成品成分符合标准规定。有些主要产品或者有时由于某种原因(如工艺改动、质量不稳、熔炼成分接近上下限、熔炼分析未取到等),生产厂也对成品成分进行分析

5. 钢材的交货状态

交货状态直接影响材料的性能和使用,订购材料时必须在货单、合同等单据上注明要求何种交货状态。钢材的交货状态见表 1-9。

表 1-9　钢材的交货状态

交货状态	说　明
热轧	钢材在热轧或锻造后不再对其进行专门热处理,冷却后直接交货,称为热轧或热锻状态。热轧(锻)的终止温度一般为 800～900 ℃,之后一般在空气中自然冷却,因而热轧(锻)状态相当于正火处理。所不同的是因为热轧(锻)终止温度有高有低,不像正火加热温度控制严格,因而钢材组织与性能的波动比正火要大。目前不少钢铁企业采用控制轧制,由于终轧温度控制很严格,并在终轧后采取强制冷却措施,因而钢的晶粒细化,交货钢材有较高的综合力学性能。无扭控冷热轧盘条比普通热轧盘条性能优越就是这个道理。热轧(锻)状态交货的钢材,由于表面覆盖有一层氧化铁皮,因而具有一定的耐蚀性,储运保管的要求不像冷拉(轧)状态交货的钢材那样严格,大中型钢、中厚型钢板可以在露天货场经苫盖后存放
冷拉(轧)	经冷拉、冷轧等冷加工成型的钢材,不经任何热处理而直接交货的状态,称为冷拉或冷轧状态。与热轧(锻)状态相比,冷拉(轧)状态的钢材尺寸精度高,表面质量好,表面粗糙度低,并有较高的力学性能。由于冷拉(轧)状态交货的钢材表面没有氧化皮覆盖,并且存在很大的内应力,极易遭受腐蚀或生锈,因而冷拉(轧)状态的钢材,其包装、储运均有较严格的要求,一般均须在库房内保存,并应注意库房内的温湿度控制
正火	钢材出厂前经正火热处理,这种交货状态称正火状态。由于正火加热温度比热轧终止温度控制严格,因而钢材的组织、性能均匀。与退火状态的钢材相比,由于正火冷却速度较快,钢的组织中珠光体数量增多,珠光体层片及钢的晶粒细化,因而有较高的综合力学性能,并有利于改善低碳钢的魏氏组织和过共析钢的渗碳体网状,可为成品的进一步热处理做好组织准备。碳素结构钢、合金钢钢材常采用正火状态交货。某些低合金高强度钢如 14MnMoVBRE、14CrMnMoVB 钢为了获得贝氏体组织,也要求正火状态交货
退火	钢材出厂前经退火热处理,这种交货状态称为退火状态。退火的目的主要是为了消除和改善前道工序遗留的组织缺陷和内应力,并为后道工序作好组织和性能上的准备。合金结构钢、保证淬透性结构钢、冷镦钢、轴承钢、工具钢、汽轮机叶片用钢、铁索体型不锈耐热钢的钢材常用退火状态交货
固溶处理	钢材出厂前经固溶处理,这种交货状态称为固溶处理状态。它主要适用于奥氏体型不锈钢出厂前的处理。通过固溶处理,得到单相奥氏体组织,以提高钢的韧性和塑性,为进一步冷加工(冷轧或冷拉)创造条件,也可为进一步沉淀硬化做好组织准备
高温回火	钢材出厂前经高温回火热处理,这种交货状态称为高温回火状态。高温回火的回火温度高,有利于彻底消除内应力,提高塑性和韧性。碳素结构钢、合金钢、保证淬透性结构钢钢材均可采用高温回火状态交货。某些马氏体型高强度不锈钢、高速工具钢和高强度合金钢,由于有很高的淬透性以及合金元素的强化作用,常在淬火(或回火)后进行一次高温回火,使钢中碳化物适当聚集,得到碳化物颗粒较粗大的回火索氏体组织(与球化退火组织相似),因而,这种交货状态的钢材有很好的切削加工性能

6. 钢材牌号

钢的分类方法只是简单地把某种具有共同特征的钢种划分或归纳为同一类型,并未反映出某一钢种具体的特性。为此,人们便创建了钢的牌号用来具体反映钢材本身特性。

钢材产品牌号的表示,通常采用大写汉语拼音字母、化学元素符号和阿拉伯数字相结合的方法。汉字牌号易识别和记忆,汉语拼音字母牌号便于书写和标记。钢的牌号表示方法的原则如下。

(1)牌号中化学元素采用汉字或国际化学符号表示。例如,"碳"或"C"、"锰"或"Mn"、"铬"或"Cr"。

(2)钢材的产品名称,也采用汉字或汉语拼音表示,其表示方法一般采用缩写。原则上只用一个字母,并且取第一个字,一般不超过两个汉字或字母,见表1-10。

表1-10 钢材产品名称

名称	采用汉字及字母		采用符号	字体
	汉字	字母		
甲类钢	甲	—	A	大写
乙类钢	乙	—	B	
特类钢	特	—	C	
酸性侧吹转炉钢	酸	Suan	S	
沸腾钢	沸	Fei	F	

1.6.2　钢材的化学成分

钢是碳含量小于2.11%的铁碳合金,钢中除了铁和碳以外,还含有硅、锰、硫、磷、氮、氧、氢等元素,这些元素是原料或冶炼过程中带入的,称为常存元素。为了适应某些使用要求,特意提高硅、锰的含量或特意加进铬、镍、钨、钼、钒等元素,这些特意加进的或提高含量的元素称为合金元素。

1. 常用钢材的化学成分

(1)在建筑钢结构中,碳素结构钢的化学成分,执行《碳素结构钢》(GB/T 700—2006)标准,见表1-11规定。

表1-11 碳素结构钢化学成分

牌号	统一数字代号	等级	厚度(或直径)/mm	化学成分(质量分数)/%,不大于					脱氧方法
				C	Si	Mn	P	S	
Q195	U11952	—	—	0.12	0.30	0.50	0.035	0.040	F、Z
Q215	U12152	A	—	0.15	0.35	1.20	0.045	0.050	F、Z
	U12155	B						0.045	

牌号	统一数字代号	等级	厚度(或直径)/mm	化学成分(质量分数)/%,不大于					脱氧方法
				C	Si	Mn	P	S	
Q235	U12352	A	—	0.22	0.35	1.4	0.045	0.050	F、Z
	U12355	B		0.20				0.045	
	U12358	C	0.17				0.040	0.040	Z
	U12359	D					0.035	0.035	TZ
Q275	U12752	—		0.24	0.35	1.5	0.045	0.050	F、Z
	U12755	B	≤40	0.21			0.045	0.045	Z
			>40	0.22					
	U12758	C	0.20				0.040	0.040	Z
	U12759	D					0.035	0.035	TZ

注:①表中为镇静钢、特殊镇静钢牌号的统一数字,沸腾钢的统一数字代号如下:

Q195F－U11950;Q215AF－U12150,Q215BF－U12153;Q235AF－U12350,Q235BF－U12353;Q275AF－U12750。

②经需方同意,Q235B 的碳含量可不大于 0.22%。

(2)低合金高强度结构钢的牌号和化学成分,执行《低合金高强度结构钢》(GB/T 1591—2018)标准,见表 1-12 规定。

表 1-12 低合金高强度结构钢的牌号和化学成分

牌号		化学成分(质量分数)/%													
钢级	质量等级	C^a		Si	Mn	P^c	S^c	Nb^d	V^e	Ti^e	Cr	Ni	Cu	Mo	N	B
		以下公称厚度或直径/mm						不大于								
		≤40^b	>40													
		不大于														
Q355	B	0.24		0.55	1.60	0.035	0.035	—	—	—	0.30	0.30	0.40		0.012	—
	C	0.20	0.22			0.030	0.030									
	D	0.20	0.22			0.025	0.025								—	
Q390	B	0.20		0.55	1.70	0.035	0.035	0.05	0.13	0.05	0.30	0.50	0.40	0.10	0.015	—
	C					0.030	0.030									
	D					0.025	0.025									
Q420^f	B	0.20		0.55	1.70	0.035	0.035	0.05	0.13	0.05	0.30	0.80	0.40	0.20	0.015	—
	C					0.030	0.030									
Q460^f	C	0.20		0.55	1.80	0.030	0.030	0.05	0.13	0.05	0.30	0.80	0.40	0.20	0.015	0.004

注:a 公称厚度大于 100 mm 的型钢,碳含量可由供需双方协商确定。

b 公称厚度大于 30 mm 的钢材,碳含量不大于 0.22%。

c 对于型钢的棒材,其磷和硫含量上限值可提高 0.005%。

d Q390、Q420 最高可到 0.07%,Q460 最高可到 0.11%。

e 最高可到 0.20%。

f 如果钢中酸溶铝 Al，含量不小于 0.015％或全铝 Al，含量不小于 0.020％，或添加了其他固氮合金元素，氮元素含量不作限制，固氮元素应在质量证明书中注明。

g 仅适用于型钢和棒材。

2. 化学成分对钢材性能的影响

(1)碳可提高钢的强度，却会导致钢材塑性和韧性降低，而且可焊性也随之降低。建筑结构钢的碳含量不宜太高，一般不应超过 0.22％，在焊接性能要求高的结构钢中，碳含量则应控制在 0.2％以内。

(2)硫和磷是钢中极有害的杂质元素，硫在钢中形成低熔点(1 190 ℃)的 FeS，而 FeS 与 Fe 又形成低熔点(985 ℃)的共晶体分布在晶界上。当钢在 1 000～1 200 ℃进行焊接或热加工时，这些低熔点的共晶体先熔化导致钢断裂，出现热脆性。磷能增加钢的强度，其强化能力是碳的二分之一，但又能使钢的塑性和韧性显著降低，尤其在低温下使钢严重变脆，发生冷脆性。因此建筑结构钢对磷、硫含量必须严格控制。各种化学成分对钢材性能的影响见表 1-13。

表 1-13　化学成分对钢材性能的影响

名称	在钢材中的作用	对钢材性能的影响
碳(C)	决定强度的主要因素。碳素钢含量应在 0.04％～0.6％之间，合金钢含量不大于 0.5％～0.7％	含量增高，强度和硬度增高，塑性和冲击韧性下降，脆性增大，冷弯性能、焊接性能变差
硅(Si)	加入少量能提高钢的强度、硬度和弹性。能使钢脱氧，有较好的耐热性、耐酸性。在碳素钢中含量不超过 0.5％，超过限值则成为合金钢的合金元素	含量超过 1％时，则使钢的塑性和冲击韧性下降，冷脆性增大，焊接性、耐腐蚀性变差
锰(Mn)	提高钢强度和硬度，可使钢脱氧去硫。含量在 1％以下，合金钢含量大于 1％时即成为合金元素	少量锰可降低脆性，改善塑性、韧性、热加工性和焊接性能；含量较高时，会使钢塑性和韧性下降，脆性增大，焊接性能变差
硫(S)	是有害元素，使钢热脆性大，含量限制在 0.05％以下	含量高时，焊接性能、韧性和抗蚀性将变差；在高温热加工时，容易产生断裂，形成热脆性
磷(P)	是有害元素，降低钢的塑性和韧性，出现冷脆性，能使钢的强度显著提高，同时提高大气腐蚀稳定性，含量应限制在 0.05％以下	含量提高，在低温下使钢变脆，在高温下使钢缺乏塑性和韧性，焊接及冷弯性能变差，其危害与含碳量有关，在低碳钢中影响较小
钒(V)、铌(Nb)	使钢脱氧除气，显著提高强度。合金钢含量应小于 0.5％	少量可提高低温韧性，改善可焊性；含量多时，会降低焊接性能

续表

名称	在钢材中的作用	对钢材性能的影响
钛(Ti)	钢的强脱氧和除气剂,可显著提高强度。能和碳和氮作用生成碳化钛(TiC)和氮化钛(TiN)。低合金钢含量在0.06%~0.12%之间	少量可改善塑性、韧性和焊接性能,降低热敏感性
铜(Cu)	含少量铜对钢不起显著作用,可提高抗大气腐蚀性	含量增到0.25%~0.3%时,焊接性能变差,增到0.4%时,发生热脆现象

1.6.3 钢材的性能及检验方法

钢材的品种繁多,各自的性能、产品规格及用途都不相同,建筑结构钢材必须具有足够的强度,良好的塑性、韧性、耐疲劳性和优良的焊接性能,且易于冷加工成型,耐腐蚀性好,经济合理,为此需要了解钢材的性能及检验方法。

1. 钢材性能的分类

钢材的性能可分为使用性能和工艺性能两大类,见表1-14。

表1-14 钢材性能和检测方法

性能分类				主要检测方法	主要检测方法
使用性能	力学性能	强度性能	屈服强度	室温拉伸试验	GB/T 228
			抗拉强度		
			疲劳强度	疲劳试验	
			硬度	硬度试验	GB/T 230、GB/T 231
		塑性性能	伸长率	室温拉伸试验	GB/T 228
			断面收缩率		
			冷弯性能	弯曲试验	GB/T 232
		冲击韧性性能		夏比缺口冲击试验	GB/T 229
		厚度方向性能		室温拉伸试验	GB/T 5313
	耐久性能	时效		时效试验	
		高温持久性		拉伸塑变及持久试验	GB/T 2039
工艺性能	冷弯性能			弯曲试验	GB/T 232
	焊接性能			焊接接头拉伸试验方法	GB/T 2651—2008
	冲压性能、冶炼性能、铸造性能、热加工性能、热处理性能、切削性能等				

注:钢结构的疲劳试验、时效试验和持久试验多针对结构构件进行。

使用性能包括力学性能和耐久性能。钢材的力学性能又称机械性能或物理性能,是钢材最重要的性能指标,它表示钢材在力作用下所显示的弹性和非弹性反应或涉及应力-应变关系的性能。力学性能可分为强度性能、塑性性能、冲击韧性性能和厚度方向性能四大类,其中强度性能又包括屈服强度、抗拉强度、疲劳强度、硬度等。

2. 钢材的力学性能检验方法

钢材常用的力学性能检验方法有以下几种。

(1)室温拉伸试验

材料在外力作用下抵抗变形和断裂的能力称为强度。强度可以通过比例极限、弹性极限、屈服极限、抗拉强度等指标来反映。碳素结构钢材的应力-应变曲线如图1-7所示。

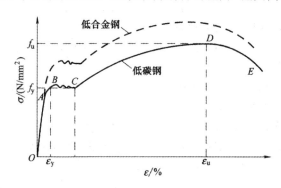

图 1-7 钢材的单项拉伸应力—应变曲线

在拉伸试验机上,通过对标准圆形试件的拉伸,可以取得以下结果。

①屈服点(屈服强度)

在拉力机的拉力下,试样被拉长,在开始时试样的伸长和拉力成正比,当拉力取消后试样仍收缩到原来尺寸,试样的这种变形称为弹性变形。在拉力不断加大后试样继续伸长,但外力取消后试样却不再收缩到原来长度,这种变形称为塑性变形。由弹性变形转变为塑性变形的临界点,称为屈服点,其代表符号是 σ_b,单位是 N/mm^2。

②抗拉强度

在上述试验中,当应力超过弹性极限后,应力与应变不再呈线性关系,产生塑性变形,曲线出现波动,这种现象称为屈服。波动最高点称上屈服点,最低点为下屈服点,下屈服点数值较为稳定,因此以它作为材料抗力指标,称为屈服点。有些钢材无明显的屈服现象,以材料产生 0.2% 塑性变形时的应力作为屈服强度。当钢材屈服到一定程度后,由于内部晶粒重新排列,强度提高,进入应变强化阶段,应力达到最大值,此时称为抗拉强度,其代表符号是 σ_m,单位是 N/mm^2。

③伸长率(延伸率)

伸长率是钢材的塑性指标,代表断裂前具有的塑性变形能力。这种能力使得结构制造时,钢材即使经受剪切、冲压、弯曲及捶击作用产生局部屈服而无明显的破坏。伸长率越大,钢材的塑性和延性就越好,可靠性越大,也有利于截面应力的重新分配。试件示意如图1-8所示。

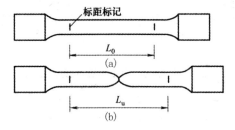

图 1-8 试件示意图

25

伸长率是金属材料受外力(拉力)作用断裂时,试件伸长的长度与原标定长度的百分比,按下式计算。在上述试验中,在试件拉断以后,原定标距被拉长后与原来标距的比称为延伸率,其代表符号为δ,单位是%。

$$\delta = \frac{L_u - L_0}{L_0} \times 100\% \qquad (1-10)$$

式中:L_0——试件原始标距长度,mm;

$\quad\quad L_u$——试件拉断后的标距长度,mm。

取试样直径(宽度)的 5 倍($L_0 = 5d_0$)或 10 倍($L_0 = 10d_0$)作为标距长度时,对应的伸长率记为δ_5和δ_{10},同一种钢材δ_5大于δ_{10},现常用δ_5作为塑性指标。

伸长率由整个试样长度上均匀延伸和断口处的集中变形组成,试样越短,断口处集中变形所占比例就越大。

屈服强度、抗拉强度、伸长率是建筑钢材非常重要的三个力学性能指标,钢结构中各类钢材都必须满足国家标准对这三个指标的相关规定,不满足要求时,一般应进行复验。

④断面收缩率(或收缩率)

断面收缩率也是测定钢材塑性的一个指标,是指上述试样拉断后,断面颈缩处横截面面积的最大缩减量与原横截面面积的百分比,其代表符号为ψ,单位为%。

$$\psi = \frac{S_0 - S_1}{S_0} \times 100\% \qquad (1-11)$$

式中:S_0——试件原始横截面积,mm²;

$\quad\quad S_1$——试件断口的横截面积,mm²。

(2)冷弯性能

冷弯性能是指钢材在常温下加工发生塑性变形时,对裂纹产生的抵抗能力,由冷弯试验依据《金属材料 弯曲试验方法》(GB/T 232—2010)来确定,如图 1-9 所示。

试验时按照规定的弯心直径在试验机上用冲头加压,使试件弯成180°,如试件外表面不出现裂纹和分层,即为合格。弯曲程度一般用弯曲角度或弯心直径与材料厚度的比值来表示,弯曲角度越大或弯心直径与材料厚度的比值越小,则表示材料的冷弯性能越好。

冷弯试验不仅可以直接检验钢材的弯曲变形能力和塑性性能,还可以暴露钢材内部的冶金缺陷,如硫、磷偏析和硫化物与氧化物的掺杂情况。因此,冷弯性能是鉴定钢材在弯曲状态下塑性应变能力和钢材质量的综合指标(见表 1-17)。

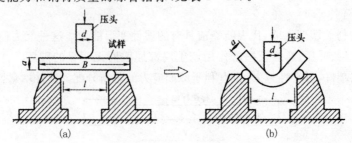

图 1-9 冷弯试验示意图

(3)冲击试验

强度、塑性、硬度等力学性能指标都是静力性能,而冲击韧性是钢材抵抗冲击荷载的能力,它是指钢材在塑性变形和断裂过程中吸收能量的能力,是衡量钢材抵抗动力荷载能力的指标,它是强度和塑性的综合指标,是判断钢材在动力荷载作用下是否出现脆性破坏的重要指标之一,韧性越低则发生脆性破坏的可能性越大。

冲击试验的依据是《金属材料 夏比摆锤冲击试验方法》(GB/T 229—2007),通常采用夏比冲击试验法原理。夏比冲击试验是在摆锤式冲击试验机上进行的。试验时,将带有缺口的标准试样{用带夏比 V 形[图 1-10(c)]或 U 形[图 1-10(d)]缺口处于简支梁状态的标准试件}安放在试验机的机架上,使试样的缺口位于两支座中间,并背向摆锤的冲击方向,如图 1-10 所示。

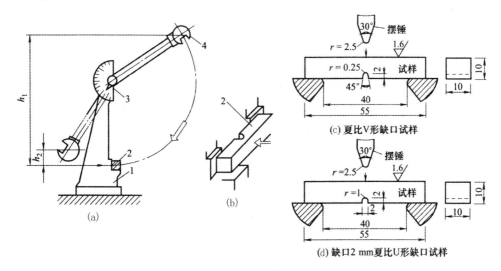

图 1-10 夏比冲击试验原理
1—固定支架;2—带缺口试样;3—指针;4—摆锤

将一定质量的摆锤升高到规定高度 h_1,则摆锤具有势能 A_{Kv1}。当摆锤落下将试样冲断后,摆锤继续向前升高到 h_2,此时摆锤的剩余势能为 A_{Kv2}。摆锤冲断试样所失去的势能是

$$A_{Kv} = A_{Kv1} - A_{Kv2}(J) \qquad (1-12)$$

A_{Kv} 就是规定形状和尺寸的试样在冲击试验力一次作用下折断时所吸收的功,称为冲击吸收功。A_{Kv} 可以从试验机的刻度盘上直接读出,它是表征金属材料冲击韧性的主要判断依据,代表了材料冲击韧度的高低。A_{Kv} 越大,表明材料破坏时吸收的能量就越多,因此抵抗脆性破坏的能力越强,韧性越好。

温度对冲击韧性有非常大的影响,实际工程中,由于低温对钢材的脆性破坏有显著影响,为了避免钢结构的低温脆断,在寒冷地区建造的结构不但要求钢材具有常温(20℃)冲击韧性指标,还要求具有负温(0℃、-20℃以及-40℃)冲击韧性指标,以保证结构具有足够的抵抗脆性破坏的能力。

总之,塑性和韧性好的钢材可以使结构在静载和动载作用下有足够的应变能力,既可减轻结构脆性破坏的倾向,又能通过较大的塑性变形调整局部应力,同时具有较好的抵抗重复荷载作用的能力。按《钢结构设计标准》规定:承重结构的钢材应具有抗拉强度、伸长率、屈服点和碳、硫、磷含量的合格保证;焊接结构的钢材应具有冷弯试验的合格保证;对某些承受动力荷载

的结构以及重要受拉或受弯焊接结构的钢材,应具有常温或负温冲击韧性的合格保证。

3. 钢铁材料的工艺性能和耐腐蚀性

钢材的工艺性能表示钢在各种生产加工过程中的行为。良好的工艺性能(冷加工、热加工和可焊性)不仅可以使钢材加工成各种形式的结构,而且不致因加工而对结构强度、塑性、韧性等造成较大的不利影响,保证成品质量,提高成品率,并降低成本。钢铁材料的工艺性能及其含义如表 1-15 所列。对钢结构来说,工艺性能主要是指冷弯性能和焊接性能,下面简要介绍钢材的可焊性和耐腐蚀性能。

表 1-15　钢铁材料的工艺性能及其含义

序号	名称	含义
1	铸造性	金属材料能用铸造方法获得合格铸件的能力称为铸造性。铸造性包括流动性、收缩性和偏析倾向等。流动性是指液态金属充满铸模的能力,流动性愈好,愈易铸造细薄精致的铸件。收缩性是指铸件凝固时体积收缩的程度,收缩愈小,铸件凝固时变形愈小。偏析是指化学成分不均匀,偏析愈严重,铸件各部位的性能愈不均匀,铸件的可靠性就愈小
2	切削加工性	金属材料的切削加工性既是指金属接受切削加工的能力,也是指金属经过加工而成为要求的工件的难易程度。通常可以通过切削后工作表面的粗糙程度、切削速度和刀具磨损程度来评价金属的切削加工性
3	焊接性	焊接性是指金属在特定结构和工艺条件下通过常用焊接方法来获得预期质量要求的焊接接头性能。焊接性一般根据焊接时产生的裂纹敏感性和焊缝区力学性能的变化来判断
4	锻性	锻性是材料在承受锤锻、轧制、拉拔、挤压等加工工艺时会改变形状而不会产生裂纹的性能。它实际上是金属塑性好坏的一种表现,金属材料塑性越高,变形抗力就越小,则锻性就越好。锻性好坏主要决定于金属的化学成分、显微组织、变形温度、变形速度及应力状态等诸多因素
5	冲压性	冲压性是指金属经过冲压变形而不发生裂纹等缺陷的性能。许多金属产品的制造都要经过冲压工艺,如汽车壳体、搪瓷制品坯料及锅、盆、盂、壶等日用品。为保证制品的质量和工艺顺利的进行,用于冲压的金属板、带等必须具有合格的冲压性能
6	顶锻性	顶锻性是指金属材料承受打铆、镦头等的顶锻变形的性能。金属的顶锻性,是用顶锻试验测定的
7	冷弯性	金属材料在常温下能承受弯曲而不破裂的性能,称为冷弯性。出现裂纹前能承受的弯曲程度愈大,则材料的冷弯性能愈好
8	热处理工艺性	热处理是指金属或合金在固态范围内,通过一定的加热、保温和冷却方法,以改变金属或合金的内部组织,而得到所需性能的一种工艺操作。热处理工艺就是指金属经过热处理后其组织和性能改变的能力,包括淬硬性、淬透性、回火脆性等

(1)钢材的可焊性

钢材的可焊性是在一定的焊接工艺条件下,钢材能经受住焊接时产生的高温热循环作用,焊缝金属和近焊缝区的钢材不产生裂纹,焊接后焊缝的主要力学性能不低于焊接钢材的力学性能。它是一项重要指标,可分为施工上的可焊性和使用上的可焊性。施工上的可焊性是指在一定的焊接工艺下,钢材本身具有的可焊接条件,通过焊接,可以方便地实现多种不同形状和不同厚度的钢材连接,焊缝金属及其附近金属均不产生裂纹。使用上的可焊性是指焊接构件在施焊后力学性能不低于母材的力学性能,即焊接接头的强度、刚度一般可达到与母材相等或相近,能够承受母材金属所能承受的各种作用。建筑钢材中,Q235系列钢具有较好的可焊性;Q355系列钢可焊性次之,用于重要结构时需采取一些必要措施,如预加热焊件等。

(2)钢材的耐腐蚀性能

钢材的耐腐蚀性能较差是钢结构的一大弱点。据统计,全世界每年约有年产量30%～40%的钢铁因腐蚀而失效。因此,防腐对节约钢材有着非常重要的意义。

钢材如暴露在自然环境中不加保护,则将和周围一些物质成分发生化学反应,形成腐蚀物。腐蚀作用一般分为两类:一类是金属元素和非金属元素的直接结合,称为“干腐蚀”;另一类是在水分多的情况下,同周围非金属元素结合成腐蚀物,称为“湿腐蚀”。钢材在空气中的腐蚀可能是干腐蚀,也可能是湿腐蚀或是两者兼而有之。

防止钢材腐蚀的主要措施是依靠涂料来加以保护。近年来研制了一些耐大气腐蚀的钢材,称为耐候钢,它是在冶炼时加入铜、磷、镍等合金元素来提高抗腐蚀能力。

1.6.4 建筑常用钢材

根据钢材选用的要求,我国现行的《钢结构设计标准》(GB 50017－2017)推荐承重结构的钢材宜采用碳素结构钢中的 Q235 钢及低合金高强度结构钢中的 Q355、Q390 及 Q420 钢。下面重点介绍这两类钢材的性能和用途。

1. 碳素结构钢

根据《碳素结构钢》(GB/T 700－2006)的规定,碳素结构钢牌号的表示方式是由代表屈服点的字母、屈服点的数值、质量等级符号、脱氧方法符号四个部分按顺序组成。

(1)由“Q＋数字＋质量等级符号＋脱氧方法符号”组成。它的钢号冠以“Q”,代表钢材的屈服点,后面的数字表示屈服点数值,单位是 N/mm²。例如 Q235 表示屈服点(σ_{eH})为 235 MPa 的碳素结构钢。

(2)必要时钢号后面可标出表示质量等级和脱氧方法的符号。质量等级符号分别为 A、B、C、D。脱氧方法符号:F 表示沸腾钢,Z 表示镇静钢,TZ 表示特殊镇静钢。镇静钢可不标符号,即 Z 和 TZ 都可不标。例如 Q235－AF 表示 A 级沸腾钢。

(3)专门用途的碳素钢,例如桥梁钢、船用钢等,基本上采用碳素结构钢的表示方法,但在钢号最后附加表示用途的字母。

GB/T 700－2006 对碳素结构钢的牌号共分四种,即 Q195、Q215、Q235、Q275。其中 Q235 钢的质量等级分为 A、B、C、D 四级。

在建筑钢结构中,碳素结构钢的化学成分见表1－11规定。其力学性能拉伸、冲击和冷

钢结构建筑装饰施工与管理研究

弯试验应分别符合表 1-16 和表 1-17 规定。碳素结构钢的特性和用途见表 1-18。

表 1-16 钢材的拉伸试验

钢号	屈服点(σ_{eH})/(N/mm²),不小于						抗拉强度(σ_m)/(N/mm²)	伸长率(δ)/%,不小于				
	钢材厚度(直径)/mm							钢材厚度(直径)/mm				
	≤16	>16~40	>40~60	>60~100	>100~150	>150~200		≤40	>40~60	>60~100	>100~150	>150
	不小于							不小于				
Q215	215	205	195	185	175	165	335~450	31	30	29	27	26
Q235	235	225	215	205	195	185	375~500	26	25	24	22	21
Q275	275	265	255	245	225	215	490~630	22	21	20	18	17

表 1-17 钢材的冲击和冷弯试验

冲击试验				冷弯试验180°(试样宽度 $B=2a$)		
牌号	等级	温度/℃	V 型冲击功(纵向)/J,不小于	试样方向	钢材厚度(或直径)/mm	
					≤60	>60~100
					弯心直径(d)	
Q195	—	—	—	纵	0	—
				横	0.5a	
Q215	A	—	—	纵	0.5a	1.5a
	B	20	27	横	a	a
Q235	A	—	—	纵	a	2a
	B	20	27			
	C	0		横	1.5a	2.5a
	D	−20				
Q275	A	—	—	纵	1.5a	2.5a
	B	20	27			
	C	0		横	2a	3a
	D	−20				

注:B 为试样宽度,a 为试样钢材厚度(或直径);钢材厚度(或直径)大于 100 mm 时,弯曲试验由双方协商确定。

30

表 1-18 碳素结构钢的特性和用途

牌号	主要特性	用途举例
Q195	碳、锰含量低,强度不高,塑性好,韧性高,具有良好的工艺性能和焊接性能	广泛用于轻工、机械、运输车辆、建筑等一般结构构件,自行车、农机配件,五金制品,焊管坯及输送水、煤气等用管,烟筒、屋面板、拉杆、支架及机械用一般结构零件
Q215	碳、锰含量较低,强度比 Q195 稍高,塑性好,具有良好的韧性、焊接性能和工艺性能	用于厂房、桥梁等大型结构件,建筑桁架、铁塔、井架及车船制造结构件,轻工、农业等机械零件,五金工具、金属制品等
Q235	碳含量适中,具有良好的塑性、韧性、焊接性能、冷加工性能,以及一定的强度	大量生产钢板、型钢、钢筋,用以建造厂房屋架、高压输电铁塔、桥梁、车辆等。其 C、D 级钢硫、磷含量低,相当于优质碳素结构钢,质量好,适用于制造对可焊性及韧性要求较高的工程结构机械零部件,如机座、支架、受力不大的拉杆、连杆、销、轴、螺钉(母)、轴、套圈等
Q275	碳及硅、锰含量高一些,具有较高的强度、硬度和耐磨性,较好的塑性,一定的焊接性能和较好的切削加工性能,完全淬火后,硬度可达 HBS270~400	用于制造心轴、齿轮、销轴、链轴、螺栓(母)、垫圈、刹车杆、鱼尾板、垫板、农机用型材、机架、耙齿、播种机开沟器架、输送链条等

2. 低合金结构钢

(1)牌号

根据《低合金高强度结构钢》(GB/T 1591—2018),低合金结构钢牌号由代表屈服点的汉语拼音字母"Q"、屈服点数值、质量等级符号(B、C、D、E、F)三部分按顺序排列组成,例如:Q390B、Q420E。

①低合金高强度结构钢的脱氧方法分为镇静钢和特殊镇静钢,在牌号的组成中表示脱氧方法的符号"Z"和"TZ"予以省略。

②对专用低合金高强度钢,应在钢号最后标明。专用低合金高强度结构钢的牌号通常也可以采用阿拉伯数字(用两位阿拉伯数字表示平均碳含量,以万分之几计)、化学元素符号以及产品用途符号表示。例如,16Mn 钢,用于桥梁的专用钢种为"16MnQ",汽车大梁的专用钢种为"16MnL",压力容器的专用钢种为"16MnR"。

(2)特性和用途、力学性能指标

部分钢的特性和用途见表 1-19,力学性能指标(GB/T 1591—2018)见表 1-20。

表 1-19　低合金高强度钢的特性和用途

牌号	主要特性	用途举例
Q355	具有良好的综合力学性能,低温冲击韧性、冷冲压和切削加工性、焊接性能均好。B、C 级钢视钢材用途和使用需求,可加入或不加入微合金化学元素 V、Nb、Ti;但 D、E、F 级钢应加入 V、Nb、Ti、Al 中的一种或几种,以细化钢的晶粒,防止钢的过热,提高钢的韧性和改善强度。钢中也可加入稀土元素,改善韧性、冷弯性能和钢材的各向异性	广泛用于各种焊接结构,如桥梁、车辆、船舶、管道、锅炉、大型容器、储罐、重型机械设备、矿山机械、电站、厂房结构、低温压力容器、轻纺机械零件等
Q390	强度比 Q355 钢的高,塑性稍差,韧性相当,焊接性能、冷冲压和切削加工性良好。B、C 级钢视钢材用途和使用需求可加入 V、Nb、Ti 微合金元素,但 D、E、F 级钢应加入 V、Nb、Ti、Al 中的一种或几种,以细化钢的晶粒,防止钢的过热,提高钢的韧性和改善强度。还可加入微量 Cr、Ni 或 Mo 元素改善钢的性能	用于桥梁、车辆、船舶、厂房等大型结构构件,高中压石油化工容器、锅炉汽包、管道、过热器、压力容器、重型机械等
Q420	具有良好的力学性能和焊接性能,冷热加工性好,由于加入了微合金元素,提高和改善了钢的强韧性	用于制造矿山机械、重型车辆、船舶、桥梁、中高压锅炉、容器及其他大型焊接结构件
Q460	强度高,塑性及韧性好,焊接性能良好,冷热加工性较好	主要用于制造工程机械构件,如运输车、桥梁、中高压锅炉及大型焊接结构构件

表 1-20　低合金高强度钢的力学性能指标

牌号	屈服点(σ_{eH})/(N/mm²)									抗拉强度(σ_m)/(N/mm²)			
	钢材厚度(或直径)/mm												
	≤16	>16~40	>40~63	>63~80	>80~100	>100~150	>150~200	>200~250	>250~400	≤40	>40~80	>80~100	>100
Q355	≥355	≥345	≥335	≥325	≥315	≥295	≥285	≥275	≥265	470~630			450~600
Q390	≥390	≥370	≥350	≥330	≥330	≥310	—	—	—	490~650			470~620
Q420	≥420	≥400	≥380	≥360	≥360	≥340	—	—	—	520~680			—
Q460	≥460	≥440	≥420	≥400	≥400	≥380	—	—	—	550~720			530~700
Q500	≥500	≥480	≥470	≥450	≥440	—	—	—	—	610~770			—
Q550	≥550	≥530	≥520	≥500	≥490	—	—	—	—	670~830			—
Q620	≥620	≥600	≥590	≥570	—	—	—	—	—	710~880		—	—
Q690	≥690	≥670	≥660	≥640	—	—	—	—	—	770~940		—	—

牌号	质量级别	伸长率(σ_3)/%						试验温度/℃	冲击吸收能量(KV_2)(纵向)/J			180°弯曲试验 弯心直径(d) 试样厚度(a)	
		≤40mm	>40~63 mm	>63~100 mm	>100~150 mm	>150~250 mm	>250~400 mm		12~150 mm	>150~250 mm	>250~400 mm	≤16 mm	>16~100 mm
Q355	B	≥20	≥19	≥19	≥18	≥17	—	—	—	—	—		
	C	≥20	≥19	≥19	≥18	≥17		20	≥34	≥27	—		
	D	≥21	≥20	≥20	≥19	≥18		0	≥34	≥27	—		
	E、F	≥21	≥20	≥20	≥19	≥18	≥17	−20 −40	≥34	≥27	27		
Q390	B	≥20	≥19	≥19	≥18	—	—	20	≥34	—	—	2a	3a
	C、D、E、F	≥20	≥19	≥19	≥18	—	—	0 −20 −40	≥34	—	—		
Q420	B	≥19	≥18	≥18	≥18	—	—	20	≥34	—	—		
	E、C、D、F	≥19	≥18	≥18	≥18	—	—	0 −20 −40	≥34	—	—		
Q460		≥17	≥16	≥16	≥16	—	—		≥34	—	—	2a	3a
Q500	D、E、F	≥17		—	—	—	—	0	≥55	—	—		
Q550		≥16		—	—	—	—	−20	≥47	—	—		
Q620		≥15		—	—	—	—	−40	≥31	—	—		
Q690		≥14		—	—	—	—		—	—	—		

1.6.5 常用型材

各类钢种供应的钢材规格分为型材、板材、管材及金属制品四大类,其中建筑钢结构中使用最多的是型材、板材和钢管。

1. 型材的分类

(1)按材质分为普通型钢和优质型钢

①普通型钢是由碳素结构钢和低合金高强度结构钢制成的型钢,主要用于建筑结构和工程结构。

②优质型钢也称优质型材,是由优质钢,如优质碳素结构钢、合金结构钢、易切削结构钢、弹簧钢、滚动轴承钢、碳素工具钢、不锈耐酸钢、耐热钢等制成的型钢,主要用于各种结

构、工具及有特殊性能要求的结构中。

（2）按生产方法的不同分类

型钢分为热轧（锻）型钢、冷弯型钢、冷拉型钢、挤压型钢和焊接型钢。

①用热轧方法生产型钢，具有生产规模大、效率高、能耗少和成本低等优点，是型钢生产的主要方法。

②用焊接方法生产型材，是将矫直后的钢板或钢带剪裁、组合并焊接成型，不但节约金属，而且可生产特大尺寸的型材，生产工字型材的最大尺寸目前已达到 2000 mm × 508 mm×76 mm。

（3）按截面形状的不同分类

型钢分圆钢、方钢、扁钢、六角钢、等边角钢、不等边角钢、工字钢、槽钢和异形型钢等。

①圆钢、方钢、扁钢、六角钢、等边角钢及不等边角钢等的截面没有明显的凹凸分枝部分，也称简单截面型钢或棒钢，在简单截面型钢中，优质钢与特殊性能钢占有相当的比重。

②工字钢、槽钢和异形型钢的截面有明显的凹凸分枝部分，成型比较困难，也称复杂截面型钢，即通常意义上的型钢。

异形型钢通常是指专门用途的截面形状比较复杂的型钢，如窗框钢、履带板型钢等。

2. 常用型钢

钢结构采用的型材有热轧成型的钢板和型钢。常用型钢主要有角钢、工字钢、槽钢、H型钢、圆（方）钢、钢管等，如图 1-11 所示。

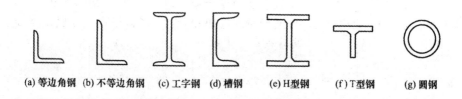

(a) 等边角钢　(b) 不等边角钢　(c) 工字钢　(d) 槽钢　(e) H型钢　(f) T型钢　(g) 圆钢

图 1-11　热轧型钢截面

（1）角钢

①角钢分等边和不等边两种，可以用来组成独立的受力杆件或作为受力构件之间连接的零部件。等边角钢（也叫等肢角钢）规格以角钢符号"L"和边（肢）宽×厚度表示，如L120×8为肢宽 120 mm，厚度为 8 mm 的等边角钢。截面尺寸偏差应符合表 1-21 的规定。不等边角钢用"L"符号后跟两边宽度和厚度表示，如L 120 × 100 × 10 为长肢宽 120 mm，短肢宽 100 mm，厚度 10 mm 的不等边角钢。我国生产的最大等边角钢为L 200×20，最大不等边角钢为L 200×125×18。截面尺寸偏差（GB/T 706—2016）应符合表 1-21 的规定。

②角钢顶端直角允许偏差为 $90°±50'$。

③角钢外端外角和顶角钝化不得使直径等于 $0.18d$ 的圆棒通过。

表 1 - 21 角钢截面尺寸、外形允许偏差 单位:mm

项目		允许偏差		图示
		等边角钢	不等边角钢	
边宽度 (B,b)	边宽度^①≤56	±0.8	±0.8	
	>56~90	±1.2	±1.5	
	>90~140	±1.8	±2.0	
	>140~200	±2.5	±2.5	
	>200	±3.5	±3.5	
边厚度 (d)	边厚度≤56	±0.4		
	>56~90	±0.6		
	>90~140	±0.7		
	>140~200	±1.0		
	>200	±1.4		
顶端直角		$\alpha \leq 50'$		
弯曲度		每米弯曲度≤3 mm 总弯曲度≤总长度的0.30%		适用于上下、左右大弯曲

注:① 不等边角钢按长边宽度 B。

(2)热轧工字钢、槽钢

工字钢有普通工字钢和轻型工字钢之分,常单独用作梁、柱、桁架弦杆或用作格构柱的肢件。分别用符号"I"和号数表示,I20 和 I32 以上的普通工字钢,同一号数有三种腹板厚度,分别为 a、b、c 三类,其中 a 类腹板最薄,翼缘最窄,用作受弯构件较为经济,如 I32a。我国生产的最大普通工字钢为 I63 号。轻型工字钢用"QI"表示,最大的轻型工字钢为 QI70 号。轻型工字钢的腹板和翼缘均较普通工字钢薄,因而在相同重量下其截面模量和回转半径均较大。

槽钢有普通槽钢和轻型槽钢两种,以腹板厚度区分之,常用作格构式柱的肢件和檩条等。型号用符号"["和"Q["以及截面高度的厘米数表示。[14 和 [25 以上的普通槽钢同一号数中又分 a、b 和 a、b、c 类型,其腹板厚度和翼缘宽度均分别递增 2 mm。如[30a 表示截面高度为 300 mm、腹板厚度为 a 类的普通槽钢。号码相同的轻型槽钢,其翼缘较普通槽钢宽而薄,腹板也较薄,回转半径较大,重量较轻。我国目前生产的最大槽钢为[40c,长度一般为 5~19 m。

工字钢、槽钢的截面尺寸允许偏差(GB/T 706-2016)应符合表 1-22 的规定。

表 1－22　工字钢、槽钢截面尺寸、外形允许偏差　　　　　　单位：mm

项目		允许偏差	图示
高度（h）	h＜100	±1.5	
	100≤h＜200	±2.0	
	200≤h＜400	±3.0	
	h≥400	±4.0	
腿宽度（b）	h＜100	±1.5	
	100≤h＜150	±2.0	
	150≤h＜200	±2.5	
	200≤h＜300	±3.0	
	300≤h＜400	±3.5	
	h≥400	±4.0	
腰厚度（d）	h＜100	±0.4	
	100≤h＜200	±0.5	
	200≤h＜300	±0.7	
	300≤h＜400	±0.8	
	h≥400	±0.9	
外缘斜度（T_1、T_2）		T_1、T_2≤1.5％b T_1、T_2≤2.5％b	
弯腰挠度（W）		W≤0.15d	

项目		允许偏差	图示
弯曲度	工字钢	每米弯曲度≤2 mm 总弯曲度≤0.20%	适用于上下、左右大弯曲
	槽钢	每米弯曲度≤3 mm 总弯曲度≤总长度的0.30%	
中心偏差(S)	工字钢 h<100	±1.5	
	100≤h<150	±2.0	$S=(b_1-b_2)/2$
	150≤h<200	±2.5	
	200≤h<300	±3.0	
	300≤h<400	±3.5	
	h≥400	±4.0	

注:尺寸和形状的测量部位见图示。

(3)热轧 H 型钢

H 型钢是使用比较广泛的热轧型钢,其截面形状经济合理,力学性能好,轧制时截面上各点延伸较均匀,内应力小。与普通工字钢比较,具有截面模数大、重量轻、节省金属的优点,可使建筑结构减轻 30%～40%;又因其腿内外侧平行,腿端是直角,拼装组合成构件,可节约焊接、铆接工作量达 25%。常用于要求承载能力大、截面稳定性好的大型建筑(如厂房、高层建筑等),以及桥梁、船舶、起重运输机械、设备基础、支架、基础桩等。我国生产的 H 型钢分为宽翼缘(HW)、中翼缘(HM)和窄翼缘(HN)H 型钢。

H 型钢的尺寸可采用高度×宽度×腹板厚度×翼缘厚度的毫米数表示。

宽翼缘 H 型钢(HW,W 是英文 wide 的字头)高度 H 和翼缘宽度 B 基本相等,具有良好的受压承载力。截面规格为:100 mm×100 mm～500 mm×500 mm。在钢结构中主要用于柱,在钢筋混凝土框架结构柱中主要用于钢芯柱,也称劲性钢柱。

中翼缘 H 型钢(HM,M 是英文 middle 的字头)高度和翼缘宽度比例大致为 1.33～1.75 或 $B=(1/2\sim 2/3)H$。截面规格为:150 mm×100 mm～600 mm×300 mm。主要作钢框架柱,在承受动力荷载的框架结构中用作框架梁。

窄翼缘 H 型钢(HN,N 是英文 narrow 的字头)翼缘宽度和高度比为(1:3)～(1:2),具有良好的受弯承载力,截面高度 100～900 mm,主要用于梁。

热轧 H 型钢截面尺寸允许偏差见表 1-23。

表 1−23   热轧 H 型钢截面、外形尺寸允许偏差（GB/T 11263−2017）   单位：mm

项　目		允许偏差	图　示
高度(H) (按型号)	<400	±2.0	
	≥400～<600	±3.0	
	≥600	±4.0	
宽度(B) (按型号)	<100	±2.0	
	≥100～<200	±2.5	
	≥200	±3.0	
厚度	t_1　<5	±0.5	
	≥5～<16	±0.7	
	≥16～<25	±1.0	
	≥25～<40	±1.5	
	≥40	±2.0	
	t_2　<5	±0.7	
	≥5～<16	±1.0	
	≥16～<25	±1.5	
	≥25～<40	±1.7	
	≥40	±2.0	
长度	≤7 m	+600	
	>7 m	长度每增加1m或不足1m时， 正偏差在上述基础上加5 mm	
翼缘斜度 (T)	高度(型号)≤300	$T≤1.0\%B$。但允许偏差的最 小值为1.5 mm	
	高度(型号)>300	$T≤1.2\%B$。但允许偏差的最 小值为1.5 mm	
弯曲度	高度(型号)≤300	≤长度的0.15%	适用于上下、左右大弯曲
	高度(型号)>300	≤长度的0.10%	
中心偏差 (S)	高度(型号)≤300 且 宽度(型号)≤200	±2.5	$S=\dfrac{b_1-b_2}{2}$
	高度(型号)>300 或 宽度(型号)>200	±3.5	
腹板 弯曲度 (W)	高度(型号)<400	≤2.0	
	≥400～<600	≤2.5	
	≥600	≤3.0	
翼缘弯曲 (F)	宽度 B≤400	≤1.5%b_0。但是， 允许偏差值的最大为 1.5 mm	
端面斜度 (E)		≤1.6%(H 或 B)，但允许 偏差的最小值为3.0 mm	
翼缘腿端外缘钝化		不得使直径等于 0.18t_2 的圆 棒通过	

(4)热轧圆钢和方钢

圆钢尺寸以直径 d 的毫米数标定。方钢尺寸以边长 a 的毫米数标定。热轧圆钢和方钢的截面尺寸允许偏差见表 1-24。

表 1-24　热轧圆钢和方钢的截面尺寸允许偏差(GB/T 702-2017)

圆钢直径 d/mm 方钢边长(a)/mm	允许偏差/mm		
	精度分组 1 组	精度分组 2 组	精度分组 3 组
5.5~20	±0.25	±0.35	±0.40
>20~30	±0.30	±0.40	±0.50
>30~50	±0.40	±0.50	±0.60
>50~80	±0.60	±0.70	±0.80
>80~110	±0.90	±1.00	±1.10
>110~150	±1.20	±1.30	±1.40
>150~200	±1.60	±1.80	±2.00
>200~280	±2.00	±2.50	±3.00
>280~310	±2.50	±3.00	±4.00
>310~380	±3.00	±4.00	±5.00

3. 常用钢板

建筑钢结构使用的钢板(钢带)根据轧制方法分为冷轧板和热轧板,其中,热轧钢板是建筑钢结构应用最多的钢材之一。

(1)钢板与钢带的区别

钢板和钢带的不同,主要体现在其成品形状上。钢板是指平板状、矩形的,可直接轧制或由宽钢带剪切而成的板材。一般情况下,钢板是指一种宽厚比和表面积都很大的扁平钢材。钢带一般是指成卷交货的钢材。

(2)钢板、钢带的规格

①根据钢板的薄厚程度,钢板大致可分为薄钢板(厚度≤4 mm)和厚钢板(厚度>4 mm)两种。在实际工作中,常将厚度 4~20 mm 的钢板称为中板,将厚度 20~60 mm 的钢板称为厚板,将厚度大于 60 mm 的钢板称为特厚板。成张钢板的规格以符号"—"加"宽度×厚度×长度"或"宽度×厚度"的毫米数表示,如—450×10×300,—450×10。

②钢带也分为两种:当宽度大于或等于 600 mm 时称为宽钢带;当宽度小于 600 mm 时,称为窄钢带。钢带的规格以"厚度×宽度"的毫米数表示。

(3)花纹钢板的厚度允许偏差

花纹钢板的厚度允许偏差见表 1-25。

钢结构建筑装饰施工与管理研究

表 1-25　花纹钢板的厚度允许偏差(GB/T 33974-2017)　　单位:mm

基本厚度	允许偏差	
1.4	±0.25	
1.5	±0.25	
1.6	±0.25	
1.8	±0.25	
2.0	±0.25	
2.5	±0.25	
3.0	±0.30	
3.5	±0.30	
4.0	±0.40	
4.5	±0.40	
5.0	+0.40	-0.50
5.5	+0.40	-0.50
6.0	+0.40	-0.50
7.0	+0.40	-0.50
8.0	+0.50	-0.70
10.0	+0.50	-0.70
11.0	+0.50	-0.70
12.0	+0.50	-0.70
13.0	+0.50	-0.70
14.0	+0.50	-0.70
15.0	+0.50	-0.70
16.0	+0.50	-0.70

(4)冷轧、热轧钢板和钢带厚度允许偏差

根据 GB/T 708-2019,冷轧、热轧钢板及钢带厚度允许偏差分别见表 1-26 和表 1-27。

40

表 1 - 26　冷轧钢板和钢带厚度允许偏差　　　　　　　　单位:mm

R_e 范围	公称厚度	厚度允许偏差					
		普通精度(PT. A)			较高精度(PT. B)		
		公称宽度			公称宽度		
		≤1 200	>1 200～1 500	>1 500	≤1 200	>1 200～1 500	>1 500
最小屈服强度 R_e 小 于 260 MPa 钢板和钢带的厚度允许偏差	≤0.40	±0.03	±0.04	±0.05	±0.020	±0.025	±0.030
	>0.40～0.60	±0.03	±0.04	±0.05	±0.025	±0.030	±0.035
	>0.60～0.80	±0.04	±0.05	±0.06	±0.030	±0.035	±0.040
	>0.80～1.00	±0.05	±0.06	±0.07	±0.035	±0.040	±0.050
	>1.00～1.20	±0.06	±0.07	±0.08	±0.040	±0.050	±0.060
	>1.20～1.60	±0.08	±0.09	±0.10	±0.050	±0.060	±0.070
	>1.60～2.00	±0.010	±0.11	±0.12	±0.060	±0.070	±0.080
	>2.00～2.50	±0.12	±0.13	±0.14	±0.080	±0.090	±0.100
	>2.50～3.00	±0.15	±0.15	±0.16	±0.100	±0.110	±0.120
	>3.00～4.00	±0.16	±0.17	±0.19	±0.120	±0.130	±0.140
最小屈服强度 R_e 为260～小于 340 MPa 钢板和钢带的厚度允许偏差	≤0.40	±0.04	±0.05	±0.06	±0.025	±0.030	±0.035
	>0.40～0.60	±0.04	±0.05	±0.06	±0.030	±0.035	±0.040
	>0.60～0.80	±0.05	±0.06	±0.07	±0.035	±0.040	±0.050
	>0.80～1.00	±0.06	±0.07	±0.08	±0.040	±0.050	±0.060
	>1.00～1.20	±0.07	±0.08	±0.10	±0.050	±0.060	±0.070
	>1.20～1.60	±0.09	±0.11	±0.12	±0.060	±0.070	±0.080
	>1.60～2.00	±0.12	±0.13	±0.14	±0.070	±0.080	±0.100
	>2.00～2.50	±0.14	±0.15	±0.16	±0.100	±0.110	±0.120
	>2.50～3.00	±0.17	±0.18	±0.18	±0.120	±0.130	±0.140
	>3.00～4.00	±0.18	±0.19	±0.20	±0.140	±0.150	±0.160

R_e 范围	公称厚度	厚度允许偏差					
		普通精度(PT.A)			较高精度(PT.B)		
		公称宽度			公称宽度		
		≤1 200	>1 200~1 500	>1 500	≤1 200	>1 200~1 500	>1 500
最小屈服强度 R_e 为340~420 MPa 钢板和钢带的厚度允许偏差	≤0.40	±0.04	±0.05	±0.06	±0.030	±0.035	±0.040
	>0.40~0.60	±0.05	±0.06	±0.07	±0.035	±0.040	±0.050
	>0.60~0.80	±0.06	±0.070	±0.08	±0.040	±0.050	±0.060
	>0.80~1.00	±0.07	±0.08	±0.10	±0.050	±0.060	±0.070
	>1.00~1.20	±0.09	±0.10	±0.11	±0.060	±0.070	±0.080
	>1.20~1.60	±0.11	±0.12	±0.14	±0.070	±0.080	±0.100
	>1.60~2.00	±0.14	±0.15	±0.17	±0.080	±0.100	±0.110
	>2.00~2.50	±0.16	±0.18	±0.19	±0.110	±0.120	±0.130
	>2.50~3.00	±0.20	±0.20	±0.21	±0.130	±0.140	±0.150
	>3.00~4.00	±0.22	±0.22	±0.023	±0.150	±0.160	±0.170
最小屈服强度 R_e 为420 MPa 钢板和钢带的厚度允许偏差	≤0.40	±0.05	±0.06	±0.07	±0.035	±0.040	±0.050
	>0.40~0.60	±0.05	±0.07	±0.08	±0.040	±0.050	±0.060
	>0.60~0.80	±0.06	±0.08	±0.10	±0.050	±0.060	±0.070
	>0.80~1.00	±0.08	±0.10	±0.11	±0.060	±0.070	±0.080
	>1.00~1.20	±0.10	±0.11	±0.13	±0.070	±0.080	±0.100
	>1.20~1.60	±0.13	±0.14	±0.16	±0.080	±0.100	±0.110
	>1.60~2.00	±0.16	±0.17	±0.19	±0.100	±0.110	±0.130
	>2.00~2.50	±0.19	±0.20	±0.22	±0.130	±0.140	±0.160
	>2.50~3.00	±0.22	±0.23	±0.24	±0.160	±0.170	±0.180
	>3.00~4.00	±0.25	±0.26	±0.27	±0.190	±0.200	±0.210

表 1－27　热轧钢板和钢带厚度允许偏差　　　　　　　　　单位:mm

R_e 范围	公称厚度	钢带厚度允许偏差							
		普通精度(PT. A)				较高精度(PT. B)			
		公称宽度				公称宽度			
		600～1 200	>1 200～1 500	>1 500～1 800	>1 800	600～1 200	>1 200～1 500	>1 500～1 800	>1 800
规定最小屈服强度 R_e 小于 360 MPa 钢带（包括连轧钢板）的厚度允许偏差	≤1.50	±0.15	±0.17	—	—	±0.10	±0.12	—	—
	>1.50～2.00	±0.17	±0.19	±0.21	—	±0.13	±0.15	±0.14	—
	>2.00～2.50	±0.18	±0.21	±0.23	±0.25	±0.14	±0.15	±0.17	±0.20
	>2.50～3.00	±0.20	±0.22	±0.24	±0.26	±0.15	±0.17	±0.19	±0.21
	>3.00～4.00	±0.22	±0.24	±0.26	±0.27	±0.17	±0.18	±0.21	±0.22
	>4.00～5.00	±0.24	±0.26	±0.28	±0.29	±0.19	±0.21	±0.22	±0.23
	>5.00～6.00	±0.26	±0.28	±0.29	±0.31	±0.21	±0.22	±0.23	±0.25
	>6.00～8.00	±0.29	±0.30	±0.31	±0.35	±0.23	±0.24	±0.25	±0.28
	>8.00～10.00	±0.32	±0.33	±0.34	±0.40	±0.26	±0.26	±0.27	±0.32
	>10.00～12.50	±0.35	±0.36	±0.37	±0.43	±0.28	±0.29	±0.30	±0.36
	>12.50～15.00	±0.37	±0.38	±0.40	±0.46	±0.30	±0.31	±0.33	±0.39
	>15.00～25.40	±0.40	±0.42	±0.45	±0.50	±0.32	±0.34	±0.37	±0.42

R_e 范围	公称厚度	钢带厚度允许偏差							
		普通精度(PT. A)				较高精度(PT. B)			
		公称宽度				公称宽度			
		600~1 200	>1 200~1 500	>1 500~1 800	>1 800	600~1 200	>1 200~1 500	>1 500~1 800	>1 800
规定最小屈服强度 Re 不小于 360 MPa 钢带(包括连轧钢板)的厚度允许偏差	≤1.50	±0.17	±0.19	—	—	±0.11	±0.13	—	—
	>1.50~2.00	±0.19	±0.21	±0.23	—	±0.14	±0.15	±0.15	—
	>2.00~2.50	±0.20	±0.23	±0.25	±0.28	±0.15	±0.17	±0.19	±0.22
	>2.50~3.00	±0.22	±0.24	±0.26	±0.29	±0.17	±0.19	±0.21	±0.23
	>3.00~4.00	±0.24	±0.26	±0.29	±0.30	±0.19	±0.20	±0.23	±0.24
	>4.00~5.00	±0.26	±0.29	±0.31	±0.32	±0.21	±0.23	±0.24	±0.25
	>5.00~6.00	±0.29	±0.31	±0.32	±0.34	±0.23	±0.24	±0.25	±0.28
	>6.00~8.00	±0.32	±0.33	±0.34	±0.39	±0.25	±0.26	±0.28	±0.31
	>8.00~10.00	±0.35	±0.36	±0.37	±0.44	±0.29	±0.29	±0.30	±0.35
	>10.00~12.50	±0.39	±0.40	±0.41	±0.47	±0.31	±0.32	±0.33	±0.40
	>12.50~15.00	±0.41	±0.42	±0.44	±0.51	±0.33	±0.34	±0.36	±0.43
	>15.00~25.40	±0.44	±0.46	±0.50	±0.55	±0.35	±0.37	±0.41	±0.46

4. 冷弯型钢

冷弯型钢也称为钢制冷弯型材或冷弯型材,是以热轧或冷轧钢带为坯料经弯曲成型制成的各种截面形状尺寸的型钢。建筑中常用的为厚度 1.5～12 mm 的薄钢板或钢带(一般采用 Q235 或 Q355 钢)经冷轧(弯)或模压而成的,故也称为冷弯薄壁型钢,是一种经济的截面轻型薄壁钢材,因此,广泛用于矿山、建筑、农业机械、交通运输、桥梁、石油化工、轻工、电子等工业。

薄壁型钢的表示方法为:字母 B 或 BC 加截面形状符号,再加"长边宽度×短边宽度×卷边宽度×壁厚"(单位为 mm)。常用的截面形式有等肢角钢、卷边等肢角钢、Z 型钢、卷边Z 型钢、槽钢、卷边槽钢(C 型钢)、钢管等,如图 1-12 所示。

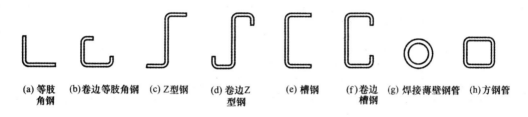

(a) 等肢　　(b) 卷边等肢角钢　(c) Z型钢　(d) 卷边Z　(e) 槽钢　(f) 卷边　(g) 焊接薄壁钢管　(h) 方钢管
角钢　　　　　　　　　　　　　　　型钢　　　　　　槽钢

图 1-12　冷弯薄壁型钢截面

冷弯型钢具有以下特点:

(1)截面经济合理,节省材料。冷弯型钢的截面形状可根据需要设计,结构合理,单位重量的截面系数高于热轧型钢。在同样负荷下,可减轻构件重量,节约材料。冷弯型钢用于建筑结构可比热轧型钢节约金属 38%～50%,方便施工,降低综合费用,在轻钢结构中得到广泛应用。

(2)品种繁多,可以生产用一般热轧方法难以生产的壁厚均匀、截面形状复杂的各种型材和各种不同材质的冷弯型钢。产品表面光洁,外观好,尺寸精确,而且长度也可以根据需要灵活调整,全部按定尺或倍尺供应,提高材料的利用率。

(3)生产中还可与冲孔等工序相配合,以满足不同的需要。冷弯型钢品种繁多,从截面形状分,有开口的、半闭口的和闭口的。通常生产的冷弯型钢,厚度在 6 mm 以下,宽度在 500 mm 以下。

5. 常用钢管

钢管是一种具有中空截面的长条形管状钢材,与圆钢等实心钢材相比,在抗弯抗扭强度相同时,重量较轻,是一种经济截面的钢材,广泛用于制造结构构件和各种机械零件。

钢管有无缝钢管和焊接钢管两种。无缝钢管用符号"ϕ"后面加"外径×厚度"表示,如 ϕ400×6 为外径 400 mm,厚度 6 mm 的钢管。

直缝电焊钢管(GB/T 13793—2016)一般以钢管的外径(D)和公称壁厚(t)标定。其壁厚和截面尺寸允许偏差见表 1-28 和表 1-29。

钢结构建筑装饰施工与管理研究

表 1-28 直缝电焊钢管的壁厚允许偏差   单位:mm

壁厚(t)	普通精度(PT.A)[a]	较高精度(PT.B)	高精度(PT.C)	壁厚不均[b]
0.50~0.70	±0.10	±0.04	±0.03	≤7.5%t
>0.70~1.0		±0.05	±0.04	
>1.0~1.5		±0.06	±0.05	
>1.5~2.5	±10%t	±0.12	±0.06	
>2.5~3.5		±0.16	±0.10	
>3.5~4.5		±0.22	±0.18	
>4.5~5.5		±0.26	±0.21	
>5.5		±7.5%t	±5.0%t	

[a] 不适用于带式输送机托辊用钢管。
[b] 不适用普通精度钢管。壁厚不均指同一截面上实测壁厚的最大值与最小值之差。

表 1-29 直缝电焊钢管的截面尺寸允许偏差   单位:mm

外径(D)	普通精度(PD.A)[a]	较高精度(PD.B)	高精度(PD.C)
5~20	±0.30	±0.15	±0.05
>20~35	±0.40	±0.20	±0.10
>35~50	±0.50	±0.25	±0.15
>50~80	±1%D	±0.35	±0.25
>80~114.3		±0.60	±0.40
>114.3~168.3		±0.70	±0.50
>168.3~219.1		±0.80	±0.60
>219.1~711		±0.75%D	±0.5%D

[a] 不适用于带式输送机托辊用钢管。

第2章　钢结构制作工艺

本章的主要内容是讲解钢结构制作工艺,内容包括基本概念、钢结构制作、钢结构制作工艺要点和钢结构构件制作与预拼装。

2.1　基本概念

2.1.1　基本概念

工艺:将原材料或半成品转变成产品的方法和过程称为工艺。

工艺过程:改变生产对象的形状、尺寸、相对位置和性质等,使其成为成品或半成品的过程,称为工艺过程。

工艺规程:把工艺过程按一定的格式进行总结,用文件形式固定下来,便称为工艺规程。

2.1.2　工艺规程的作用、分类与形式

生产技术准备的主要内容之一是编制工艺规程。工艺规程是组织生产的重要依据,如原材料准备、工艺装备的设计与制作、场地安排、生产进度、组装及总装、质量验收等都可在工艺规程中反映出来。编制先进、合理的工艺规程可以使生产有序进行并有利于组织均衡生产。

1. 工艺规程的作用

(1)工艺规程是一切生产人员必须严格执行的纪律性文件,对产品质量提供保证,使之有章可循。

(2)工艺规程是生产过程中的指导性技术文件,它对各工序的操作方法和步骤、关键部位的难点均作了详细的规定,不但对操作者提供指导,还对生产指挥者及计划调度人员起到纲领性的指导作用。

2. 工艺规程的分类与形式

以文件性质分,工艺规程可分成纲领性文件、指导性文件及操作性文件,其分类、形式和作用列于表2-1。

表 2-1 工艺规程的分类与形式

工艺规程分类	名称和形式	作用
纲领性文件	工艺路线卡	以工序为单位,表达制造全部工艺过程,是工艺规程中的纲领性文件,指导管理人员和技术人员了解产品全过程,以便组织生产和编制工艺文件,使操作者熟悉上、下工序之间的协作关系。路线卡中的主要内容:工艺序号、工种、作业区、工序名称和内容、使用工艺装备、定额工时等
指导性文件	工艺守则	是纪律性文件,详细规定了在生产过程中有关人员应遵守的工艺纪律。通常按工种或工序进行编制,如加工工艺守则、装配工艺守则、焊工工艺守则等
指导性文件	工艺规范	是对工艺过程中技术要求的统一规定,适用于大批量生产、产品单一或工艺过程不变的场合下使用
操作性文件	工艺过程卡	是以单个零部件制作为对象,详细说明整个工艺过程的工艺文件,是用来指导操作方法的工艺文件,卡中通常包含零件的工艺特性(材料、形状和尺寸)、工艺基准的选择、各工艺步骤的操作方法、所应用的工艺装备、工时定额等
操作性文件	典型工艺卡	当批量生产结构相同或相似、规格不一的产品,可采用典型工艺卡形式(格式与工艺过程卡类似)
钢结构制作工艺文件	单一工艺文件	例如,常用的有产品加工工艺规程、产品装配工艺规程、产品焊接工艺规程以及火工校正变形和涂装工艺规程等。内容有:工艺参数、工作顺序、技术要求、操作规程要点及质量标准等
钢结构制作工艺文件	综合工艺文件	钢结构制作特点是:单件小批量,多工序,常采用综合工艺文件,一般适用于大型钢构件制作或工程项目。它起到工艺路线卡、工艺守则、工艺规范以及工艺过程卡等作用。为了不使工艺文件过长,可以通用性工艺文件为基础,按产品结构特点,在综合工艺文件中详述工艺要点及技术要求

2.2　钢结构制作

2.2.1　钢结构制作的常用设备

钢结构制作的常用设备如下。

1. 加工设备

切割：剪板机，龙门剪床，数控切割机，型钢切割机，型钢带锯机，带齿圆盘锯，无齿摩擦圆盘锯，氧气切割机（自动和半自动切割机，手工切割机）。

制孔：冲孔机，摇臂钻床，立式钻床。

边缘加工：刨床，钻铣床，端面铣床，铲边用的风铲。

弯制：辊床，水平直弯机，立式压力机，卧式压力机。

2. 焊接设备

直流焊机，交流焊机，二氧化碳焊机，埋弧焊机，焊条烘干箱，焊剂烘干箱，焊接滚轮架，钢卷尺，游标卡尺，划针。

3. 涂装设备

电动空气压缩机，喷砂机，回收装置，喷漆枪，电动钢丝刷，铲刀，手动砂轮，砂布，油漆桶，刷子。

4. 检测设备

磁粉探伤仪，超声波探伤仪，焊缝检验尺，漆膜测厚仪，电流表，温度仪。

5. 运输设备

桥式起重机，门式起重机，塔式起重机，汽车起重机，运输汽车，运输火车。

2.2.2　钢结构制作前的准备工作

企业应针对某一特定的钢结构工程，成立一个项目经理部，实行项目经理责任制，项目经理部在开工前应做好如下准备工作。

1. 技术准备

（1）设计文件，包括施工详图、设计变更、施工技术要求等

施工详图必须经过图纸会审，参加人员应为甲方、设计方、监理方和施工技术人员，施工企业技术部门要做好图纸会审记录并办理相关签证手续。施工技术人员要充分理解设计意图，开工前对施工一线人员作书面的技术交底。

（2）技术文件，包括施工技术文件和企业技术标准文件

施工技术文件：除设计文件外，还包括与施工图相对应的现行规范、标准和质量验收标准以及经审批的施工方案。

企业技术标准文件：企业内部的钢结构施工工艺标准、操作规程标准等,钢结构基本构件的试验、检测方法标准等。

2. 材料准备

(1)施工项目所需的主要材料和大宗材料应由企业物资部门订货或市场采购,按计划供应给项目经理部。在编制材料采购计划时,结构所用主材一般按10％的余量进行采购。构件和杆件的拼接接头布置应考虑订货钢材的标准长度;必要时,可根据使用长度定尺进料,以减少不必要的拼接和损耗。

若采购个别钢材的品种、规格、性能等不能完全满足设计要求,需要进行材料代用时,须经设计单位同意并签署代用文件。钢材代用应遵循以下原则。

①代用钢材的化学成分和机械性能应与原设计的一致。

②采用代用钢材时,一般以高强度材料代替低强度材料,以厚代薄,并应复核构件的强度、刚度和稳定性,注意因材料代用可能产生的偏心影响。

③钢材代用可能会引起构件间连接尺寸和施工图的变动,应予以修改。

(2)材料管理。施工项目所采用的钢材、焊接材料、紧固标准件、涂装材料等应附有产品的质量合格证明文件、中文标志及检验报告,并应符合现行国家产品标准和设计要求。

项目经理部的材料管理应满足以下要求。

①按计划保质、保量、及时供应材料。

②材料需要量计划应包括材料需要量总计划、年计划、季计划、月计划、日计划。

③材料仓库的选址应有利于材料的进出和存放,符合防火、防雨、防盗、防风、防变质等要求。

④进场的材料应进行数量验收和质量认证,做好相应的验收记录和标识。不合格的材料应及时更换、退货,严禁使用不合格的材料。

⑤进入现场的材料应有生产厂家的材质证明(包括厂名、品种、出厂日期、出厂编号、试验数据)和出厂合格证。要求复检的材料,要在甲方、监理的见证下,进行现场见证取样、送检、检验和验收,做好记录,并向甲方和监理提供检验报告。新材料未经试验鉴定,不得用于工程中。现场配制的材料应经试配,使用前应经认证。

⑥材料储存应满足下列要求:入库的材料应按型号、品种分区堆放,并分别编号、标识;易燃易爆的材料应专门存放,由专人负责保管,并有严格的防火、防爆措施;有防湿、防潮要求的材料,应采取防湿、防潮措施,并做好标识;有保质期的库存材料应定期检查,防止过期,并做好标识。

⑦在加工过程中,如发现原材料有缺陷,必须经检查人员、主管技术人员研究处理。

⑧严禁使用药皮脱落或焊芯生锈的焊条、受潮结块或已熔烧过的焊剂以及生锈的焊丝。严禁使用过期、变质、结块失效的涂料。

⑨建立材料使用台账,记录使用和节超状况。建立周转材料保管、使用制度。

3. 人员安排

项目经理部应根据钢结构作业特点和施工进度计划优化配置人力资源,制订劳动力需求计划,报企业劳动力管理部门批准。企业劳动力管理部门与劳务分包公司签订劳务分包合同。

项目经理部应对劳动力进行动态管理。劳动力动态管理应包括下列内容。

①对施工现场的劳动力进行跟踪平衡,进行劳动力补充与减员,向企业劳动管理部门提出申请计划。

②向进入施工现场的作业班组下达施工任务书,进行考核并兑现费用支付和奖惩。

项目经理部应加强对人力资源的教育培训和思想管理,加强对劳务人员作业质量和效率的检查。

4. 机械设备准备

项目所需机械设备可从企业自有机械设备调配、租赁或购买,提供给项目经理部使用。

项目经理部应编制机械设备使用计划,报企业审批。对进入施工现场的机械设备必须进行安装验收,并做到资料齐全、准确。机械设备在使用中应做好维护和管理。

项目经理部应采取技术、经济、组织、合同措施,保证施工机械设备合理使用,提高施工机械设备的使用效率,使用和养护结合,降低项目施工机械使用成本。

施工机械设备操作人员应持证上岗、实行岗位责任制,严格按照操作规范作业,做好班组核算,加强考核与激励。

5. 现场工作安排

项目经理部应做好施工现场管理工作,做到文明施工、安全有序、整洁卫生、不扰民、不损害公众利益。

项目经理部应在现场醒目位置公示以下内容。

(1)工程概况牌,包括工程规模、性质、用途,发包人、设计人、承包人和监理单位的名称,施工起止年月等。

(2)安全记录牌,防火须知牌,安全生产、文明施工牌,安全无重大事故计时牌。

(3)施工总平面图。

(4)项目经理部组织架构及主要管理人员名单图。

项目经理应把施工现场管理列入经常性的巡视检查内容,并与日常管理有机结合,认真听取临近单位、社会公众的意见和反映,及时抓好整改工作。

项目经理部应规范场容,做好环境保护、防火保安和卫生防疫等工作。

6. 作业条件

(1)施工详图经会审,并经设计人员、甲方、监理等签字认可。

(2)主要原材料及成品已经进场,并验收合格。

(3)加工机械设备已安装到位并验收合格。

(4)各工种生产人员都进行了岗前培训,取得了相应的上岗资格证,并进行了施工技术交底。

(5)工厂、施工现场已能满足实际施工要求。

(6)各种施工工艺评定试验及工艺性能试验已完成。

(7)施工组织设计、施工方案、作业指导书等各种技术工作已准备就绪。

2.2.3　钢结构制作的工艺、工序及流程

1. 钢结构制作工艺的编制

工艺是指导生产的技术文件,在生产过程中能起到安全、适用、提高生产效率的作用,最终使产品达到优质的目标。钢结构制作工艺应由项目经理主持编制,经企业技术主管部门批准后实施。

（1）编制依据

①设计文件,承包合同中附加的技术要求、现行规范及相关标准。

②工厂设备条件,生产方式。

③原材料材质、品种、规格。

④施工操作人员素质。

（2）编制原则

①符合设计要求和相关标准的规定。

②降低成本,提高效率。

③结合实际,充分发挥设备及人员的潜力。

④采用新技术、新材料、新工艺、新设备时,应经过试验,进行可行性研究后,方可正式采用。

（3）编制内容

①工程概况。包括工程性质、工程特点、规模、结构形式、环境特征、重要程度及工程量等。

②工艺总则。包括技术要求、操作方法和质量标准等。

③制作工艺。包括工艺流程图,生产准备,零件下料、加工方法和要求,零件矫正方法和要求,构件组装顺序、方法和要求,焊接方法、顺序和要求,新材料、新技术、新工艺和新设备的实施意见,特殊工艺措施,专用工具、灰具明细表,零件、部件制作清单。

④总装工艺。包括总装场地要求,含场地面积、流水线布置、起重设备配置等,组装平台、模胎及灰具的准备,基准线的设置,总装方案（包括构件就位顺序、临时固定措施,基准线、中心线、标高等控制办法及措施等）等。

⑤工艺总结。

2. 钢结构制作的工序

钢结构制作的工序如图2-1所示。

3. 钢结构制作的工艺流程

如图2-2所示,从钢材进厂到钢材构件出厂,一般要经过生产准备、放样、号料、零件加工、装配和涂装等一系列工序。

4. 制作工艺

（1）钢材矫正

由于长途运输、装卸或堆放不当等,钢材产生较大的变形,给加工造成困难,影响制造精度,因此加工前必须对钢材进行矫正。钢板和角钢常用辊床矫正,槽钢和工字钢一般用水平直弯机矫正。

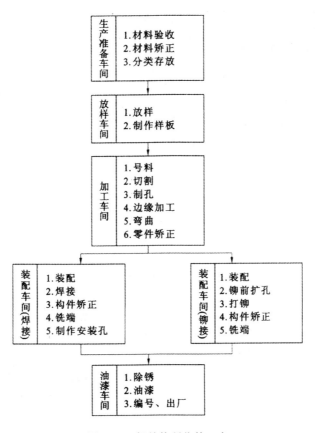

图 2—1　钢结构制作的工序

（2）放样、号料

目前大部分厂家放样、号料这道工序已被数控切割和数控钻孔所取代，只有中小型厂家仍保留此道工序。

放样是根据施工详图按 1∶1 的比例在样板台上画出实样，求出实长，根据实长制作成样板或样杆，以作为下料、弯制、刨铣和制孔等加工制作的标记。样板所用材料要求轻质、价廉，且不易产生变形，最常用的有铁皮、纸板和油毡，有时也用薄木板或胶合板。样板及样杆上应用油漆写明加工号、构件编号、规格、数量、螺栓孔位置，以及直径和各种工作线、弯曲线等加工符号。

号料是以样板（杆）为依据，在原材料上画出实样，并打上各种加工记号。

放样、号料所用工具为钢尺、划针、划规、粉线、石笔等。所用钢尺必须经计量部门检验合格后才能使用。

放样、号料时，应预留收缩量，即焊接、切割、刨边和铣端等加工余量。焊接时，对接焊缝沿焊缝长度方向每米留 0.7 mm；对接焊缝垂直于焊缝方向每个对口留 1 mm，角焊缝每米留 0.5 mm。切割余量：自动气割割缝宽度为 3 mm，手工气割割缝宽度为 4 mm（与钢板厚度有关）。铣端余量：剪切后加工的一般每边加 3~4 mm，气割后加工的则每边加 4~5 mm。

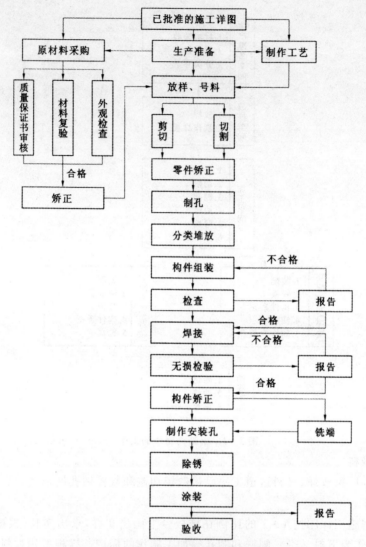

图 2-2　钢结构制作的工艺流程

（3）切割

经过号料（画线）以后的钢材，必须按其形状和尺寸进行切割（下料），常用的切割方法有剪切、锯切和气割三种。

①剪切。用剪切机（剪板机或型钢剪切机）切割钢材是最简单和最方便的方法。厚度大于或等于 12 mm 的钢材可用压力剪切机切割，厚钢板（14～22 mm）则需在强大的龙门剪切机上用特殊的刀刃切割。

②锯切。对于工字钢、H 型钢、槽钢、钢管和大号角钢等型钢，主要采用带齿圆盘锯和带锯等机械锯锯切。

③气割。氧气切割又称火焰切割，它既能切成直线，也能切成曲线，还可以直接切出 V 形或 X 形的焊缝坡口。氧气切割特别适用于厚铜板（厚度大于或等于 25 mm）的切割工序。氧气切割分为手工切割、自动切割和半自动切割三种。

④切割的检验。

ⅰ．主控项目

钢材切割面或剪切面应无裂纹、灰渣、分层和大于 1 mm 的缺棱。

检查数量：全数检查。

检验方法：观察检查或用放大镜及百分尺检查，有疑义时用渗透、磁粉探伤仪或超声波探伤仪检查。

ⅱ．一般项目

气割的允许偏差应符合表 2-2 的规定。

表 2-2　气割的允许偏差

项目	允许偏差/mm
零件宽度、长度	±3.0
切割面平面度	0.05t，且不应大于 2.0
割纹深度	0.3
局部缺口深度	1.0

注：t 为切割面厚度。

检查数量：按切割面数抽查 10％，且不应少于 3 个。

检验方法：观察检查或用钢尺、塞尺检查。

机械剪切的允许偏差应符合表 2-3 的规定。

表 2-3　机械剪切的允许偏差

项目	允许偏差/mm
零件宽度、长度	±3.0
边缘缺陷	1.0
型钢端垂直度	2.0

检查数量：按切割面数抽查 10％，且不应少于 3 个。

检验方法：观察检查或用钢尺、塞尺检查。

(4)矫正和成型

①冷矫正和冷弯曲成型

在常温下采用机械矫正或自制夹具矫正即为冷矫正。当钢板和型钢需要弯曲成某一角度或圆弧时，在常温下采用机械方法进行弯曲即为冷弯曲成型。钢板、型钢可在专门的辊弯机上进行加工。

矫正后的钢材表面不应有明显的凹面或损伤，划痕深度不得大于 0.5 mm，且不应大于该钢材厚度允许偏差的 1/2。

检查数量：按冷矫正和冷弯曲成型的件数抽查 10％，且不应少于 3 个。

检验方法：观察检查和实测检查。

冷矫正和冷弯曲成型的最小曲率半径和最大弯曲矢高应符合表 2-4 的规定。

表 2-4　冷矫正和冷弯曲成型的最小曲率半径和最大弯曲矢高

钢材类别	图例	对应轴	矫正		弯曲	
			r	f	r	f
钢板、扁钢		$x-x$	$50t$	$\dfrac{l^2}{400t}$	$25t$	$\dfrac{l^2}{200t}$
		$y-y$（仅对扁钢轴线）	$100b$	$\dfrac{l^2}{800b}$	$50b$	$\dfrac{l^2}{400b}$
角钢		$x-x$	$90b$	$\dfrac{l^2}{720b}$	$45b$	$\dfrac{l^2}{360b}$
槽钢		$x-x$	$50h$	$\dfrac{l^2}{400h}$	$25h$	$\dfrac{l^2}{200h}$
		$y-y$	$90b$	$\dfrac{l^2}{720b}$	$45b$	$\dfrac{l^2}{360b}$
角钢		$x-x$	$90b$	$\dfrac{l^2}{720b}$	$45b$	$\dfrac{l^2}{360b}$
工字钢		$x-x$	$50h$	$\dfrac{l^2}{400h}$	$25h$	$\dfrac{l^2}{200h}$
		$y-y$	$50b$	$\dfrac{l^2}{400b}$	$25b$	$\dfrac{l^2}{200b}$

注：r 为曲率半径，f 为弯曲矢高，l 为弯曲弦长，t 为钢板厚度。

②热矫正和热加工（热弯曲）成型

热矫正：当设备能力受到限制或钢材厚度较厚时，采用冷矫正有困难或达不到质量要求时，可采用热矫正。对碳素结构钢和低合金结构钢进行加热矫正时，加热温度不应超过 900 ℃。低合金结构钢在加热矫正后应自然冷却。

热加工成型：当零件采用热加工成型时，加热温度应控制在 900～1 000 ℃；碳素结构钢和低合金结构钢在温度分别下降到 700 ℃和 800 ℃时应结束加工；低合金结构钢应自然冷却。

钢材矫正后的允许偏差应符合表 2-5 的规定。

项目		允许偏差/mm	图例
钢板的局部平面度	$t \leqslant 14$ mm	1.5	
	$t > 14$ mm	1.0	
型钢弯曲矢度		$l/1000$,且不应大于 5.0	
角钢肢的垂直度		$b/100$,且双肢栓接角钢的角度不得大于 90°	
槽钢翼缘对腹板的垂直度		$b/80$	
工字钢、H 型钢翼缘对腹板的垂直度		$b/100$,且不大于 2.0	

检查数量:按矫正件数抽查 10%,且不应少于 3 件。

检验方法:观察检查和实测检查。

(5)制孔

制孔是钢材结构制作中的重要工序,制作的方法有冲孔和钻孔两种。

①冲孔。冲孔在冲孔机上进行,一般只能冲较薄的钢板。冲孔的原理是剪切,孔壁周围的钢材将产生冷作硬化现象,因此在工程中很少使用。

②钻孔。钻孔在钻床上进行,可以钻任何厚度的钢材。钻孔的原理是切削,因此孔壁损伤较小,质量较高。

制孔时应按下列规定进行。

ⅰ.宜采用下列制孔方法。

(ⅰ)使用多轴立式钻床或数控机床等制孔。

(ⅱ)同类孔径较多时,采用模板制孔。

(ⅲ)小批量生产的孔,采用样板画线制孔。

(ⅳ)精度要求较高时,整体构件采用成品制孔。

ⅱ.制孔过程中,孔壁应保持与构件表面垂直。

ⅲ.孔周围的毛刺、飞边应用砂轮等清除。

A、B 级螺栓孔（Ⅰ类孔）应具有 H12 的精度，孔壁表面粗糙度 Ra 不应大于 $12.5~\mu m$。其孔径的允许偏差应符合表 2-6 的规定。

表 2-6 A、B 级螺栓孔孔径的允许偏差　　　　单位：mm

序号	螺栓公称直径、螺栓孔直径	螺栓公称直径允许偏差	螺栓孔直径允许偏差
1	10～18	0.00 −0.21	0.18 0.00
2	18～30	0.00 −0.21	0.21 0.00
3	30～50	0.00 −0.25	0.25 0.00

C 级螺栓孔（Ⅱ类孔），孔壁表面粗糙度 Ra 不应大于 $25~\mu m$，其允许偏差应符合表 2-7 的规定。

表 2-7 C 级螺栓孔的允许偏差　　　　单位：mm

项目	允许偏差
直径	1.0 0.0
圆度	2.0
垂直度	$0.03t$，且不应大于 2.0

注：t 为钢板厚度。

检查数量：按钢构件数量抽查 10%，且不应少于 3 件。

检验方法：用游标卡尺或孔径量规检查。

螺栓孔孔距的允许偏差应符合表 2-8 的规定。

表 2-8 螺栓孔孔距的允许偏差　　　　单位：mm

螺栓孔孔距范围	≤500	501～1200	1201～3000	＞3000
同一组内任意两孔间距离	±1.0	±1.5	—	—
相邻两组的孔间距离	±1.5	±2.0	±2.5	±3.0

注：1. 在节点中连接板与一根杆件相连的所有螺栓孔为一组。

　　2. 对接接头在拼接板一侧的螺栓孔为一组。

　　3. 在两相邻节点或接头间螺栓孔为一组，但不包括上述两款所规定的螺栓孔。

　　4. 受弯构件翼缘上的连接螺栓孔，每米长度范围内的螺栓孔为一组。

检查数量：按钢构件数量抽查 10%，且不应少于 3 件。

检验方法：用钢尺检查。

螺栓孔孔距的允许偏差超过表 2-8 规定的允许偏差时，应采用与母材材质相匹配的焊条补焊后重新制孔。

检查数量：全数检查。

检验方法：观察检查。

（6）边缘加工

通常情况下，对气割或机械剪切的零件并不需要进行机械切削加工，对直接承受动力荷载的剪切外露边缘，则需要进行边缘加工，其刨削量应不小于 2.0 mm。边缘加工有刨边、铣边和铲边三种方法。

①刨边在刨床或大型龙门刨边机上进行，费工、费时，成本较高，因此一般尽量避免采用。

②铣边在铣边机床上进行，其光洁度比刨边要差一些。

③铲边用风铲进行。风铲是利用高压空气作为动力的风动机具。其优点是设备简单，使用方便，成本低；缺点是噪声大，劳动强度高，加工质量差。

焊接坡口加工宜采用自动切割、半自动切割、坡口机、刨边等方法进行。边缘加工的允许偏差应符合表 2-9 的规定。

表 2-9　边缘加工的允许偏差

项　目	允许偏差
零件宽度、长度	±1.0 mm
加工边直线度	$l/3000$，且不应大于 2.0 mm
相邻两边夹角	±6′
加工面垂直度	$0.025t$，且不应大于 0.5 mm
加工面表面粗糙度	50／

注：t 焊接坡口边缘厚度。

检查数量：按加工面数抽查 10%，且不应少于 3 件。

检验方法：观察检查和实测检查。

（7）构件组装

构件组装就是将已加工好的零件按照施工图纸的要求拼装成构件。

构件组装应符合下列规定。

①组装应按制作工艺规定的顺序进行。

②组装前应对零件进行严格检查，填写实测记录，制作必要的模胎。

③组装平台的模胎应平整、牢固，并具有一定的刚度，以保证构件组装的精度。

④焊接结构组装时，要求用螺钉夹和卡具等来夹紧固定，然后点焊。点焊部位应在焊缝部位之内，点焊焊缝的焊脚尺寸不应超过设计焊脚尺寸的 2/3。

⑤应考虑预留焊接收缩量及其他各种加工余量。

⑥应根据结构形式、焊接方法、焊缝顺序，确定合理的焊缝组装顺序，一般宜先主要零件，后次要零件，先中间后两端，先横向后纵向，先内部后外部，以减小焊接变形。

⑦当有隐蔽焊缝时，必须先行施焊，并经质检部门确认合格后，方可覆盖。当有复杂装配部件不易施焊时，亦可采用边组装边施焊的方法来完成其组装工作。

⑧当采用夹具组装时，拆除夹具时不得用锤击落，应采用气割切除，对残留的焊疤、熔渣等应修磨平整。

⑨对需要顶紧接触的零件，应经刨或铣加工。如吊车梁的加劲肋与上翼缘顶紧等，应用

0.3 mm 的塞尺检查,塞尺面积应小于 25%,说明顶紧接触面积已达到 75% 的要求。

⑩对重要的安装接头和工地拼接接头,应在工厂进行试拼装。组装出首批构件后,必须由质量检查部门进行全面检查,检查合格后,方可进行批量组装。

(8)构件焊接

钢结构制作常用的焊接方法是手工电弧焊、埋弧焊、气体保护焊、电渣焊、栓钉焊等。

主要连接处的焊接,对于短连接主要采用二氧化碳气体保护焊焊接,柱以及梁等长连接采用自动埋弧焊,或者采用二氧化碳气体保护焊自动焊接。另外,箱形柱的加劲板以及梁柱节点的一部分也可以采用电渣焊或者电气焊。

焊接 H 型钢翼缘板与腹板的纵向长焊缝在工厂内多采用船形焊的焊接工艺。采用船形焊时,焊丝在垂直位置,工件倾斜,熔池处于水平位置,焊缝成型较好,不易产生咬边或熔池满溢现象。根据工件的倾斜角度可控制腹板和翼板的焊脚尺寸,要求焊脚尺寸相等时,腹板和翼板与水平面呈 45°角。

船形焊对装配间隙要求较严,若间隙大于 1.5 mm,易出现烧穿或焊漏现象,为避免产生这些现象,除严格控制装配间隙外,还可采用图 2-3 所示的防漏措施。

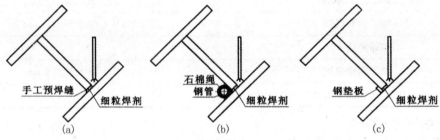

图 2-3 船形焊法的防漏措施

(9)构件铣端和钻安装孔

①构件铣端。对受力较大的柱或支座底板,宜进行端部铣平,使所受力由承压面直接传递给底板以减小连接焊缝的焊脚尺寸,其应在矫正合格后进行。应根据构件的形式采取必要的措施,保证铣平端面与轴线垂直。

②钻安装孔。钻安装孔一般是在构件焊好以后进行,以保证有较高的精确度。

(10)涂装

详见 2.2.4 节。

(11)验收

按相关规范进行验收。

2.2.4 钢结构的涂装

钢结构的腐蚀是不可避免的自然现象,如何延长钢结构的使用寿命和防止钢结构过早地腐蚀,是设计、施工和使用单位的共同目标。

钢结构的涂装包括防腐涂料涂装和防火涂料涂装两大类。钢结构的涂装工程可按钢结构制作或钢结构安装工程检验批的划分原则划分成一个或若干个检验批。钢结构防腐涂料涂装工程应在钢结构构件组装、预拼装或钢结构安装工程检验批的施工质量验收合格后进行。钢结构防火涂料涂装工程应在钢结构安装工程检验批和钢结构防腐涂料涂装检验批的施工质量验收合格后进行。涂装时的环境温度和相对湿度应符合涂料产品说明书的要求，当产品说明书无要求时，环境温度宜为 5～38℃，相对湿度不应大于 85％。涂装时构件表面不应有结露；涂装后 4 h 内应保护构件不受雨淋，以免漆膜尚未固化而遭破坏。

钢结构表面的除锈质量是影响涂层保护寿命的主要因素。钢结构的除锈、涂装施工应编制施工工艺，其内容应包括除锈方法、除锈等级、涂料种类、配制方法、涂装顺序（底漆、中间漆、面漆）和方法、安全防护、检验方法等，并作施工记录及检验记录。

1. 钢结构防腐涂料涂装

防腐涂料涂装工艺流程：基面处理→表面除锈→底漆涂装→面漆涂装→检查验收。

（1）基面处理

①钢材表面的毛刺、飞边、焊缝药皮、焊瘤、焊接飞溅物、积垢、灰尘等在涂刷油漆前应采取适当的方法清理干净。

②钢材表面的油脂、污垢等应采用热碱液或有机溶剂进行清洗。清洗的方法有槽内浸洗法、擦洗法、喷射清洗法以及蒸汽法等。

（2）表面除锈

钢结构表面除锈根据设计要求不同可采用手工和动力工具除锈、喷射或抛射除锈、火焰除锈等主要方法。

①手工和动力工具除锈，以字母"St"表示，分为 St2 和 St3 两个级别。

St2：彻底的手工和动力工具除锈，钢材表面应无可见的油污，并且没有附着不牢固的氧化皮、锈蚀和油漆涂层等。

St3：非常彻底的手工和动力工具除锈，钢材表面的要求与 St2 相同，除锈应更为彻底，底层显露部分表面应具有可见金属光泽。

除锈所用工具有砂布、铲刀、刮刀、手动或动力钢丝刷、动力砂纸盘或砂轮等。其优点是工具简单、操作方便、费用低；缺点是劳动强度大、效率低、质量差，只能满足一般的涂装要求，如混凝土预埋件、小型构件等次要结构的除锈。

②喷射或抛射除锈，以字母"Sa"表示，分为 Sa1、Sa2、Sa2.5 和 Sa3 四个级别。

Sa1：轻度的喷射或抛射除锈，钢材表面应无可见的油脂和污垢，并且没有附着不牢固的氧化皮、铁锈和油漆涂层等。仅适用于新轧制钢材。

Sa2：彻底的喷射或抛射除锈，钢材表面应无可见的油脂和污垢，并且氧化皮、铁锈和油漆涂层等附着物已基本清除，其残留物应是牢固附着的，部分表面呈现出金属色泽。

Sa2.5：非常彻底的喷射或抛射除锈，钢材表面无可见的油脂、污垢、氧化皮、铁锈和油漆涂层等附着物，任何残留的痕迹仅是点状或条纹状的轻微色斑，大部分表面可以呈现出金属色泽。

Sa3：使钢材表面洁净的喷射或抛射除锈，钢材表面无可见的油脂、污垢、氧化皮、铁锈和油漆涂层等附着物，表面应显示均匀的金属色泽。

③火焰除锈，以字母"Fl"表示，是利用氧乙炔焰及喷嘴给钢材加热，在加热和冷却过程中，使氧化皮、锈层或旧涂层爆裂，再利用工具清除加热后的附着物。仅适用于厚钢材组成的构件除锈。在除锈过程中应控制火焰温度（约 200℃）和移动速度（2.5～3 m/min），以防止构件因受热不均而变形。火焰除锈的钢材表面应无氧化皮、铁锈和油漆涂层等附着物，任

何残留痕迹应仅为表面变色(不同颜色的暗影)。火焰除锈分为 AFI、BFI、CFI 和 DFI 四种状况。

(3)涂料涂装

①涂装工作应在除锈等级检查合格后,在要求的时限内(一般不应超过 6 h)进行涂装,有返锈现象时应重新除锈。

②常用涂料的施工方法如下。

ⅰ.刷涂法:适用于各种形状及面积的涂装。

ⅱ.手工滚涂法:适用于大面积物体的涂装。

ⅲ.浸涂法:适用于构造复杂的结构构件。

ⅳ.空气喷涂法:适用于各种大型构件及设备和管道。

ⅴ.雾气喷涂法:适用于各种大型钢结构、桥梁、管道、车辆、船舶等。

③涂料涂层一般应由底漆、中间漆及面漆组成,选择涂料时应考虑漆与除锈等级的匹配,以及底漆与面漆的匹配组合。施工前应对涂料的名称、型号、颜色、有效期等进行检查,合格后方可投入使用;涂料开桶前,应充分摇晃均匀。

④涂刷遍数和涂层厚度应符合设计要求。涂装时间间隔应按产品说明书的要求确定。对一般涂装要求的构件,采用手工和动力工具除锈时,可涂装 2 遍底漆、2 遍面漆。对涂装要求较高的构件,采用喷射除锈时,宜涂装 2 遍底漆、1～2 遍中间漆、2 遍面漆;涂层干漆膜总厚度应满足质量验收的标准要求。

⑤在雨、雾、雪和较大灰尘的环境下,施工时必须采取适当的防护措施,不得户外施工。

⑥在设计图中注明不涂装和工艺要求禁止涂装的部位,为防止误涂,涂装前应采取有效防护措施进行保护,如高强度螺栓连接结合面、地脚螺栓和底板等不得涂装;安装焊接部位应预留 30～50 mm 暂不涂装,待安装完成后补涂。

⑦涂装完成后,应进行自检和专业检查,并做好施工记录。当涂层有缺陷时,应分析其原因,制订措施及时修补,修补的方法和要求一般与正式涂层部分相同。检查合格后,应在构件上标注原编号以及各种定位标记。

2. 钢结构防火涂料涂装

钢结构防火涂料涂装工程应由经消防部门批准的专业施工队伍负责进行施工。防火涂料涂装工程施工前,钢结构工程及防锈漆涂装应已检查验收合格,并符合设计要求。

防火涂料涂装工艺流程与防腐涂料涂装工艺流程类似,只是所用材料和要求有所不同,现分述如下。

(1)材料

钢结构防火涂料的选用应符合耐火等级和耐火时限的设计要求,并应符合《钢结构防火涂料》(GB 14907－2018)和《钢结构防火涂料应用技术规范》(CECS 24－1990)的规定。钢结构防火涂料按其涂层厚度可划分为两类。

①B 类:薄涂型防火涂料,涂层厚度一般为 2～7 mm,有一定装饰效果,高温时涂层膨胀增厚耐火隔热,耐火极限可达 0.5～1.5 h,又称钢结构膨胀防火涂料。

②H 类:厚涂型防火涂料,涂层厚度一般为 8～50 mm,粒状表面,密度较小,热导率低,耐火极限可达 0.5～3.0 h,又称钢结构防火隔热材料。

(2)要求

①所选防火涂料应符合现行国家有关技术标准的规定,应具有产品出厂合格证,并经消防部门批准。

②喷涂防火涂料前除锈工序已完成,并进行1~2遍底漆涂装;底漆成分不应与防火涂料产生化学反应,也就是说,底层涂料和面层涂料应相互配套;底层涂料不得腐蚀钢材。

③当防火涂料同时具有防锈功能时,可采用喷射除锈后直接喷涂防火涂料;涂料不得对钢材有腐蚀作用。

④防火涂层的厚度应符合设计要求,操作人员应用测厚仪随时检测涂层厚度,其最终厚度应符合有关耐火极限的设计要求。

⑤不得将饰面型防火涂料(适用于木结构)用于钢结构的防火保护。

2.2.5 成品及半成品管理

项目经理部应对成品及半成品进行管理。项目经理部应明确责任部门和落实责任人,明确岗位职责,对进出施工现场的货物进行管理。

(1)进入施工现场的成品、半成品、构配件、工程设备等必须按规定进行检验和验收,未经检验和检验不合格的不得投入使用,并应建立台账。

(2)搬运和储存应按搬运、储存的有关规定进行。

(3)除应满足材料管理的要求外,钢结构构件的成品防护尚应满足以下要求。

①堆放场地平整,具有良好的排水系统。

②堆放场地应铺设细石,以防止雨水、泥土等沾到构件上。

③最下一层构件应至少离地300 mm。

④构件的堆放高度不应大于5层,每层构件摆放的枕木应尽量放置在同一垂直面上,以防止构件变形或倒塌。

⑤对于有预起拱的构件,其堆放时应使起拱方向朝下。

⑥对于有涂装的构件,在搬运、堆放时应注意防止磕碰,防止在地面上拖拉造成涂层损坏,也不得在构件上行走或踩踏,以免破坏涂装的质量。

⑦钢结构涂装前,对其他半成品做好遮蔽保护,防止污染;涂装后,应加以临时围护隔离,防止踩踏损伤涂层。

⑧钢结构涂装后,在4 h之内如遇大风或下雨时,应加以覆盖,防止沾染灰尘、水汽,避免影响涂层的附着力。

⑨涂装后的钢构件勿接触酸类液体,防止咬伤涂层。

⑩建筑产品或半成品应采取有效措施(护、包、盖、封)妥善保护。

2.2.6 钢结构的运输方式、装卸要求

(1)运输方式

钢结构的运输方式主要是公路运输和铁路运输。因此结构构件的最大轮廓尺寸应不超过公路或铁路运输许可的限界尺寸。构件的质量应根据起重设备和运输设备的承受能力确定,一般构件的质量不宜超过15 t,最大的构件质量不宜超过40 t。

钢结构建筑装饰施工与管理研究

构件需要利用公路运输时,其外形尺寸应考虑公路沿线的路面至桥涵和隧道的净空尺寸,在一般情况下,其净空尺寸如下:对超级公路,一、二级公路为 5.0 m;对三、四级公路为4.5 m。

钢结构从工厂运输到现场,应根据现场总调度的安排,按照吊装顺序一次运输到安装的使用位置,避免二次倒运。

超长、超宽构件的运输,在制作之前应向有关交通运输部门办理超限货物运输手续;运输应安排在夜间,并在运输车前后设引路车和护卫车,以保证运输的安全。

(2)装卸要求

钢结构的装卸应按操作规程作业,构件要轻拿轻放,禁止抛掷。

结构吊装时,应按吊装顺序配套进行;并应采取适当措施,防止构件产生过大的弯曲变形,同时应将绳扣与构件的接触部位加垫块垫好,以防磕伤构件。

钢构件堆放应安全、平稳、牢固,吊具应传力可靠,防止滑车、溜车,确保作业安全。

2.3　钢结构制作工艺要点

钢结构制作的准备工作包括审查图样、备料核对、钢材选择和检验要求、材料的变更与修改、钢材的合理堆放、成品检验,以至装运出厂等有关施工生产技术资料文件的编写和制订。制订施工工艺规程是工艺师的主课,按照常规的职责范围,工艺工作有十个要点(见表 2-10),抓住这十个环节,就掌握了开展工艺工作的主动权。

表 2-10　钢结构制作工艺要点

序号	项目	内　容
1	审阅施工图纸	仔细审阅施工图纸,包括技术要求,相关的技术规范、规程、规则;特别关注关键性的技术条款、建筑钢结构中重要的节点,这些节点要由施工单位自行设计之后提供设计单位认可,发现图纸中的疑问应及时与设计师沟通,达成共识,修改设计图;确保下发图纸后可以顺利施工;审核图纸时,凡是需机加工的部件,用红笔注明机加工余量,使施工者一目了然
2	熟悉工程材料的特性	深入了解材料的"质保书",辨明所述牌号、规格及机械性能是否与设计图纸相符,若品种规格不符,应及早采取措施,使工程顺利进行;仔细了解材料的工艺性能,工艺性能与制作有密切关系,这是制订工艺的依据,针对材料的特殊性,应在工艺上采取措施。例如:铝合金结构施工,材料是不能焊接的;硬铝的特点是强度高,质轻,缺点是易腐蚀,在制作工艺中采取有力的防腐蚀措施后,使用年限提高了 400%;对于新型钢材,深入了解其加工性及可焊性十分必要

序号	项目	内容
3	编制施工工艺规程	工艺规程是工艺师的主课,是工程的主心骨,制订工艺的前提是确保产品制作质量满足设计要求;一般立足企业现有装备(起吊能力、场地、加工机床及焊接设备等),有时为发展生产、开拓市场也可以增添一些新设备。 制订工艺。通常可采用过去成熟的工艺,但切忌生搬硬套,一定要联系企业实际,发挥企业自己固有的特色或取长补短,吸收兄弟厂的优势,补充自己的劣势与不足
4	设计工艺装备	根据产品特点,设计加工模具、装配夹具、装配胎架等
5	工艺评定及工艺试验	对于新材料的焊接,从工艺评定中测定焊接工艺的参数、变形量的大小、反变形措施等均可进行工艺试验
6	技术交流	工艺(初稿)编订完成后,结合产品结构特点和技术要求,向工人技术交底,效果很好。工人了解设计意图后,针对哪些环节应特别注意、精心操作,会献计献策,提出很好的建议,确保符合技术要求
7	首件检验	在批量生产中,先制作一个样品,然后对产品质量作全面检查,总结经验后,再全面铺开
8	巡回检查	了解工艺执行情况、技术参数以及工艺装备使用情况;与工人沟通,及时解决施工中的技术工艺问题
9	搞好基础工艺管理	编制车间通用工艺手册,将常用的工艺参数、规程编入手册,工人可按手册执行,不必事无巨细,样样去问工艺师,工艺师可以腾出时间学习新工艺、新技术、新材料及新设备,掌握新知识,用于新产品; 编制产品工艺,以通用工艺为基础,编制产品制作工艺时,有些内容可写"参阅通用工艺某一部分",不必面面俱到,力求简化; 对于批量生产的产品,可以编制专门的技术手册,人手一份,随身携带
10	做好归档工作	项目竣工后,及时做好施工图纸、技术资料归档,这是一项很重要的工作

2.3.1　审阅施工图纸

钢结构制造厂在接到工程图样后,应该组织有关工程技术人员对设计图和施工图进行审查。

1. 图纸审查目的

审查图样是检查图样设计的深度能否满足施工的要求,核对图样上构件的数量和安装尺寸,检查构件之间有无矛盾等。同时对图样进行工艺审核,即审查技术上是否合理,制作上是否便于施工,图样上的技术要求按加工单位的施工水平能否实现等。此外,还要合理划分运输单元。如果由加工单位自己设计施工详图,制图期间又已经过审查,则审图程序可相应简化。

2. 图纸审查内容

工程技术人员对图样审核的主要内容如下。

(1)设计文件是否齐全。设计文件包括设计图、施工图、图样说明和设计变更通知单等。

(2)构件的几何尺寸是否齐全。

(3)相关构件的尺寸是否正确。

(4)节点是否清楚,是否符合国家标准。

(5)标题栏内构件的数量是否符合工程总数。

(6)构件之间的连接形式是否合理。

(7)加工符号、焊接符号是否齐全。

(8)结合本单位的设备和技术条件考虑,能否满足图样上的技术要求。

(9)图样的标准化是否符合国家规定。

3. 做好技术交底

图纸审查后,应做好技术交底准备,其内容主要包括以下几点。

(1)根据构件尺寸考虑原材料对接方案和接头在构件中的位置。

(2)考虑总体的加工工艺方案及重要的工装方案。

(3)对构件的结构不合理处或施工有困难的地方,要与需方或者设计单位做好变更签证的手续。

(4)列出图纸中的关键部位或者有特殊要求的地方,加以重点说明。

2.3.2 编制施工工艺规程

钢结构零部件的制作是一个严密的流水作业过程,指导这个过程的除生产计划外,主要是依据工艺规程。工艺规程是钢结构制作中的指导性技术文件,一经制订,必须严格执行,不得随意更改。

1. 工艺规程的编制原则

工艺规程编制的总原则是:在一定的条件下,以最低的成本、最好的质量,可靠地加工出符合图样和技术要求的产品。

(1)技术上先进

在制订工艺规程时,要了解国内外同行业工艺、技术的发展,通过必要的工艺试验,积极采用适用的先进技术和工艺装备。在一定的生产规模和条件下编制的工艺规程,不但能保证图样的技术要求,而且能更可靠、更顺利地实现这些要求,即工艺规程应尽可能依靠工装设备,而不是依靠劳动者技巧来保证获得产品质量和产量的稳定性。

(2)经济上合理

在确保产品符合技术要求的前提下,选择使产品成本最低的方案。因此对于同一产品应考虑不同的工艺方案,互相比较,从中选择最好的方案,力争做到以最少的劳动量、最短的生产周期、最低的材料和能源消耗,生产出质量可靠的产品。

(3)有良好的劳动条件

所编制的工艺规程,既要满足工艺、经济条件,又是最安全的施工方法,并要尽量减轻劳动强度,减少流程中的往返性。编制工艺规程时,使操作者有良好的操作条件和安全生产措施,将工人从笨重繁杂的体力劳动中解放出来。例如,钢结构现场施工,采用 CO_2 气体陶瓷衬垫焊替代手工仰焊操作,既改善施工条件,又可以提高生产效率。

2. 编制依据

(1)结构件的总图、部件图和零件图。

(2)结构件的设计说明和技术条件。

(3)结构件的批量及单件的重量和外形尺寸。

(4)车间的作业面积,动力、起重和加工设备的能力。

(5)车间劳动者的数量、工种及技术等级等。

3. 编制工艺文件

工艺文件主要包括制作原则工艺和制作细则工艺,见表 2-11。

表 2-11　工艺文件主要内容

工艺文件	主要内容
制作原则工艺	(1)总则:说明工艺适用于哪个钢结构工程项目,其设计、制造、检验所采用的标准;对于合同以后的变更、协议等问题的处理原则; (2)工程概况:简要描述工程项目的特征、工程内容和范围、钢结构的特点等; (3)主要材料材质、规格,对材料试验与检验说明; (4)工艺装备制作,生产场地布置,拼装方案; (5)工艺评定、焊工考试、持证上岗,制作和检验人员资质要求; (6)焊接工艺程序、防止变形措施、焊接质量标准及焊缝检验方法; (7)涂装:除锈等级、方法,涂层厚度、涂料品种; (8)包装和运输; (9)生产进度日程表,突出节点周期
制作细则工艺	(1)作业流程图、工装、专用工具,各工序加工要点; (2)交工时通用检测项目表或专用检测项目表

4. 工艺规程的内容

(1)成品技术要求。

(2)为保证成品达到规定的标准而制订的措施。

①关键零件的精度要求,检查方法和使用的量具、工具。

②主要构件的工艺流程,工序质量标准,为保证构件达到工艺标准而采用的工艺措施(如组装次序、焊接方法等)。

③采用的加工设备和工艺装备。

5. 工艺规程编制步骤

(1)分析设计图纸

了解产品用途和结构特点,要仔细分析研究每一个细节和每一项技术要求,列出难点,

钢结构建筑装饰施工与管理研究

在工艺方案中采取措施,逐个解决。

（2）拟定工艺方案

①从研究材料的可焊性着眼,选择何种焊接方法着手,确定合适的制造工艺及相关的工艺装备。

②拟定工序、工步。

③草拟各工序（步）的具体操作方法和技术要求、各工序间的交接要领。例如:哪些构件装配后,必须焊妥之后才能进行下一道工序（特别是隐蔽焊缝）;哪道工序完成后,必须火工校正后,才能进行下道工序;等等。

按上述方法同时考虑二三套方案,进行综合对比、择优选择,必要时可进行工艺试验加以验证。

2.3.3 工艺试验

工艺性试验一般可分为三类。

（1）焊接试验

钢材可焊性试验、焊材工艺性试验、焊接工艺评定试验等均属焊接性试验,而焊接工艺评定试验是各工程制作时最常遇到的试验。

焊接工艺评定是焊接工艺的验证,属于生产前的技术准备工作,是衡量制造单位是否具备生产能力的一个重要的基础技术资料。焊接工艺评定对提高劳动生产率、降低制造成本、提高产品质量、搞好焊接技能培训是必不可少的,未经焊接工艺评定的焊接方法、技术参数不能用于工程施工。焊接接头的力学性能试验以拉伸和冷弯为主,冲击试验按设计要求确定。冷弯以面弯和背弯为主,有特殊要求时应做侧弯试验。每个焊接位置的试件数量一般为:拉伸、面弯、背弯及侧弯各2件,冲击试验9件（焊缝、熔合线、热影响区各3件）。

（2）摩擦面的抗滑移系数试验

当钢结构件的连接采用高强度螺栓摩擦连接时,应对连接面进行喷砂、喷丸等方法的技术处理,使其连接面的抗滑移系数达到设计规定的数值。为验证经过技术处理的摩擦面是否能达到设计规定的抗滑移系数数值,需对摩擦面进行必要的检验性试验,以辨明对摩擦面处理的方法是否正确、可靠。

抗滑移系数试验可按工程量每200t为一批,不足200t的可视为一批。每批三组试件由制作厂进行试验,另备三组试件供安装单位在吊装前进行复验。

（3）工艺性试验

对构造复杂的构件,必要时应在正式投产前进行工艺性试验。工艺性试验可以是单工序,也可以是几个工序或全部工序;可以是个别零部件,也可以是整个构件,甚至是一个安装单元或全部安装的构件。

通过工艺性试验获得的技术资料和数据是编制技术文件的重要依据,试验结束后应将试验数据纳入工艺文件中,用以指导工程施工。

2.3.4 组织技术交底

钢结构工程是一个综合性的加工生产过程,构件或产品的生产从投料到成品要经过许多道加工工序和装配连接等一系列工作。为贯彻国家标准和技术规范,确保工程质量,要求制作单位在投产前组织技术交底的专题讨论会。

1. 技术交底的目的

组织技术交底会的目的是对某一项钢结构工程中的技术要求进行当面的交底,同时亦可对制作中的难题进行研究讨论和协商,以求意见达到统一,解决生产过程中的具体问题,确保工程质量。

2. 技术交底的实施

技术交底会按工程的实施阶段可分为两个层次。

(1)第一个层次的技术交底会是工程开工前的技术交底会,参加的人员主要有:工程图纸的设计单位,工程建设单位,工程监理及制作单位等有关人员。

技术交底的主要内容由以下几个方面组成:①工程概况;②工程结构件的类型和数量;③图纸中关键部位的说明和要求;④设计图纸的节点情况介绍;⑤对钢材、辅料的要求和原材料对接的质量要求;⑥工程验收的技术标准说明;⑦交货期限、交货方式的说明;⑧构件包装和运输要求;⑨涂层质量要求;⑩其他需要说明的技术要求。

(2)第二层次的技术交底会是在投料加工前进行的本工厂施工人员交底会,参加的人员主要有:制作单位技术、质量负责人,技术部门和质检部门的技术人员、质检人员,生产部门的负责人、施工员及相关工序的代表人员等。

此类技术交底的主要内容除上述 10 点外,还应增加工艺方案、工艺规程、施工要点、主要工序的控制方法、检查方法以及实际施工相关的内容等。

这种制作过程中的技术交底会在贯彻设计意图、落实工艺措施方面起着不可替代的作用,同时也为确保工程质量创造了良好的条件。

2.3.5　施工工艺准备

1. 划分工号

根据产品的特点、工程量的大小和安装施工的进度,将整个工程划分成若干个生产工号(或生产单元),以便分批投料,配套加工,生产出成品。

生产工号的划分应遵循以下几点。

(1)在条件允许的情况下,同一张图纸上的构件宜安排在同一生产工号中加工。

(2)相同构件或特点类似以及加工方法相同的构件宜放在同一生产工号中加工。如按钢柱、钢梁、桁架、支撑分类划分工号进行加工。

(3)工程量较大的工程划分生产工号时要考虑安装施工的顺序,先安装的构件要优先安排工号进行加工,以保证顺利安装的需要。

(4)同一生产工号中的构件数量不要过多,可与工程量统筹考虑。

2. 编制工艺流程表

从施工详图中摘出零件,编制出工艺流程表(或工艺过程卡)。加工工艺过程由若干个顺序排列的工序组成,工序内容是根据零件加工的性质而定的,工艺流程表就是反映这个过程的工艺文件。

工艺流程表的具体格式随各厂不同,但所包括的内容基本相同,其中有零件名称、件号、材料牌号、规格、件数、工序顺序号、工序名称和内容、所用设备和工艺装备名称及编号、工时定额等。除上述内容外,关键零件要标注加工尺寸和公差,重要工序要画出工序图等。

3. 编制工艺卡和零件流水卡

根据工程设计图纸和技术文件提出的构件成品要求,确定各加工工序的精度与质量要求,结合单位的设备状态和实际加工能力、技术水平,确定各个零件下料、加工的流水顺序,即编制出零件流水卡。

零件流水卡是编制工艺卡和配料的依据。一个零件的加工制作工序是根据零件加工的性质而定的,工艺卡是具体反映这些工序的工艺文件,是直接指导生产的文件。工艺卡所包含的内容一般为:确定各工序所采用的设备,确定各工序所采用的工装模具,确定各工序的技术参数、技术要求、加工余量、加工公差、检验方法和标准,以及确定材料定额和工时定额等。

4. 工艺装备的制作

由于工艺装备的生产周期较长,因此,要根据工艺要求提前做出相应准备,争取先行安排加工,以确保使用。工艺装备的设计方案取决于生产规模的大小、产品结构形式和制作工艺的过程等。

(1)工艺装备的分类。钢结构制作过程中的工艺装备一般分为两大类。

①原材料加工过程中所需的工艺装备。下料、加工用的定位靠模,各种冲切模、压模、切割套模、钻孔钻模等均属此类。这一类工艺装备的主要作用为保证构件符合图纸的尺寸要求。

②拼装焊接所需的工艺装备。拼装用的定位器、夹紧器、拉紧器、推撑器,以及装配焊接用的各种拼装胎、焊接转胎等均属此类。这一类工艺装备主要是为了保证构件的整体几何尺寸和减少变形量。

(2)制作要求。工艺装备的制作关系到钢结构产品质量保证的重要环节,因此,工艺装备的制作要满足以下要求。

①工装夹具的使用要方便,操作容易,安全可靠。

②结构要简单、加工方便、经济合理。

③容易检查构件尺寸和取放构件。

④容易获得合理的装配顺序和精确的装配尺寸。

⑤方便焊接位置的调整,并能迅速地散热,以减少构件的变形。

⑥减少劳动量,提高生产率。

2.4　钢结构构件制作与预拼装

2.4.1　钢结构的制作

1. 钢结构制作的特点及流程

(1)钢结构制作的特点

钢结构制作的特点是条件优、标准严、精度好、效率高。钢结构一般在工厂制作,因为工厂具有较为恒定的工作环境,有刚度大、平整度高的钢平台,精度较高的工装夹具及高效能的设备,施工条件比现场优越,易于保证质量,提高效率。

钢结构制作有严格的工艺标准,每道工序应该怎么做,允许有多大的误差,都有详细规定,特殊构件的加工,还要通过工艺试验来确定相应的工艺标准,每道工序的工人都必须按图纸和工艺标准进行生产,因此,钢结构加工的质量和精度与一般土建结构相比大为提高,而与其相连的土建结构部分也要有相匹配的精度或有可调节的措施来保证两者的兼容。

钢结构加工可实现机械化、自动化,因而劳动生产率大为提高。另外,因为钢结构在工厂加工,基本不占施工现场的时间和空间,采用钢结构也可大大缩短工期,提高施工效率。

(2)钢结构制作的依据

钢结构制作的依据是设计图和国家规范。国家规范主要有《钢结构工程施工质量验收标准》(GB 50205-2020)、《钢结构焊接规范》(GB 50661-2011)及原冶金部、原机械部关于钢结构材料、辅助材料的有关标准等。另外如网架结构、高耸结构、输电杆塔钢结构等都有相应的施工技术规程可以参照执行。

钢结构制作单位根据设计图和国家有关标准编制工艺图、卡,下达到车间,工人则根据工艺图、卡生产。

(3)钢结构制作的流程

钢结构制作的基本流程如图 2-4 所示。具体方法及设备说明见表 2-12。

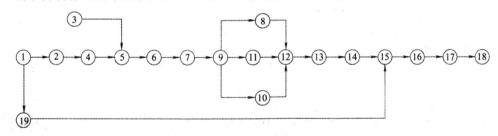

图 2-4　钢结构制作的基本流程

表 2-12　具体方法及设备说明表

工序号	工序名称	具体方法	所需设备
①	材料检验	化学成分检验、力学试验、几何尺寸测定	化验设备、拉力机、冲击韧性试验机等
②	材料堆放		吊车
③	放样		尺、规、经纬仪
④	材料矫正		校直机等
⑤	号料		
⑥	切割	冲、剪、锯、气割、等离子切割	冲床、剪板机、锯床、多头切割机、等离子切割机
⑦	矫正		
⑧	成型	模压、热弯	油压机等
⑨	加工	铣、刨、铲	铣床、刨床、碳弧气刨等
⑩	制孔	冲、钻	冲床、钻床
⑪	装配		吊车
⑫	焊接	自动焊、CO_2 保护焊、手工焊	埋弧自动焊接机，CO_2 保护焊接机，普通交、直流电焊机
⑬	后处理		校直机、千斤顶
⑭	总体试装		吊车
⑮	除锈	喷砂、喷丸、刷	喷砂机、喷丸机、电动刷
⑯	油漆包装	喷漆、刷漆	喷漆机
⑰	库存		吊车
⑱	出厂		
⑲	辅助材料准备		

2. 钢材的准备

（1）钢材材质的检验

钢材必须有质量保证书（简称"质保单"）。质保单内记载着本批钢材的钢号、规格、数量（长度、根数）、生产单位、生产日期等。质保单内还记载着本批钢材的化学成分和力学性能。

对于结构用钢，化学性能与钢材的可加工性、韧性、耐久性等有关。因此，应该保证符合相关规范要求。其中碳的含量与可焊性及热加工性能关系密切。硫、磷等杂质含量与钢材的低温冲击韧性、热脆、冷脆等性能关系密切，应限制在标准以内。

结构用钢的力学性能中的屈服点、抗拉强度、延伸率、冷弯试验、低温冲击韧性试验值等指标应符合规范的要求（后者在低温情况下才必须具备）。

除了质保单的审查,当对钢材的质量有疑义时,应按国家现行有关标准的规定进行抽样检验。

(2)钢材外形的检验

对于钢板、型钢、圆钢、钢管,其外形尺寸与理论尺寸的偏差必须在允许范围内。允许偏差值可参考国家标准 GB/T 709—2019,GB/T 706—2016,GB 816—88 等。

钢材表面不得有气泡、结疤、拉裂、裂纹、褶皱、夹杂和压入的氧化铁皮。这些缺陷必须清除,清除后该处的凹陷深度不得大于钢材厚度负偏差值。当钢材表面有锈蚀、麻点或划痕等缺陷时,其深度不得大于该钢材厚度负偏差值的 1/2。

(3)辅助材料的检验

钢结构用辅助材料包括螺栓、电焊条、焊剂、焊丝等,均应对其化学成分、力学性能及外观进行检验,并应符合国家相关标准。

(4)堆放

检验合格的钢材应按品种、牌号、规格分类堆放,其底部应垫平、垫高,防止积水。钢材堆放不得造成地基下陷和钢材永久变形。

2.4.2 放样和下料

1. 放样

钢结构是按照结构的实物缩小比例绘制成设计施工图来制造的,它由许多构件组成,结构的形状复杂,在施工图上很难反映出来某些构件的真实形状,甚至有时标注的尺寸也不好表示,需要按施工图上的几何尺寸以 1:1 的比例在样台上放出实样以求出真实形状和尺寸,然后根据实样的形状和尺寸制成样板、样杆,作为下料、切割、装配等加工的依据,上述过程称为放样。

放样是钢结构制作工艺中的第一道工序。只有放样尺寸精确,才能避免之后各道加工工序的累积误差,才能保证整个工程的质量。

(1)放样的环境要求。放样台是专门用来放样的,放样台分为木质地板和钢质平台,也可以在装饰好的室内地坪上进行。木质放样台应设置于室内,光线要充足,干湿度要适合,放样平台表面应保持平整光洁。木地板放样台应刷上淡色无光漆,并注意防火。钢质地板放样台一般刷上黏白粉或白油漆,这样可以画出易于辨别清楚的线条,以表示不同结构形状,使放样台上的图面清晰,不致混乱。如果在地坪上放样,也可根据实际情况采用弹墨线的方法,日常则需保护台面(如不许在其上进行对活、击打、矫正工作等)。

(2)放样准备。放样前,应校对图纸各部尺寸有无不符之处,与土建和其他安装工程分部有无矛盾。如果图纸标注不清,与有关标准有出入或有疑问,应与有关部门联系,妥善解决,以免产生错误。如发现图纸设计不合理,需变动图纸上的主要尺寸或发生材料代用时,应与有关部门联系取得一致意见,并在图纸上注明更改内容和更改时间,填写技术变更洽商单等。

(3)放样操作。根据施工图纸的具体技术要求,按照 1:1 的比例尺寸和基准画线以及正投影的作图步骤,画出构件相互之间的尺寸及真实图形。产品放样经检查无误后,采用薄钢板或牛皮纸等材料,以实样尺寸为依据,制出零件的样杆、样板,用样杆和样板进行号料。

用纸壳材料作样板时,应注意温度和湿度影响所产生的误差。

(4)样板标注。样板制出后,必须在上面注明图号、零件名称、件数、位置、材料牌号规格及加工符号等内容,以便使下料工作有序进行。同时,应妥善保管样板,防止折叠锈蚀,以便进行校核,查出原因。由于零件的形状不同,所制出样板的用途也就不同。样板种类名称及用途见表 2-13。

表 2-13 常用样板的名称及用途

序号	样板名称	用途
1	平面样板	在板料及型钢平面进行划线下料
2	弧形样板	检查各种圆弧及圆的曲率大小
3	切口样板	各种角钢、槽钢切口弯曲的划线标准
4	展开样板	各种板料及型材展开零件的实际长及形状
5	覆盖样板	按照放样图上图形(或实物)用覆盖方法所放出的实样(用于连接构件)
6	号孔样板	以此为依据决定零件的孔心位置
7	弯曲样板	各种压型件及制作胎模零件的检查标准

(5)加工余量。为了保证产品质量,防止由于下料不当造成废品,样板应注意预放加工余量,一般可根据不同的加工量按下列数据进行。

①自动气割切断的加工余量为 3 mm;手工气割切断的加工余量为 4 mm;气割后需铣端或刨边者,其加工余量为 4~5 mm。

②剪切后无需铣端或刨边的加工余量为零。

③对焊接结构零件的样板,除放出上述加工余量外,还须考虑焊接零件的收缩量,一般沿焊缝长度纵向收缩率为 0.03%~0.2%;沿焊缝宽度横向收缩,每条焊缝为 0.03~0.75 mm;加强肋的焊缝引起的构件纵向收缩,每肋每条焊缝为 0.25 mm。加工余量和焊接收缩量,应以组合工艺中的拼装方法、焊接方法及钢材种类、焊接环境等决定。

(6)覆盖和过样。对单一的产品零件,可以直接在所需厚度的平板材料(或型材)上进行划线下料,不必在放样台上画出放样图和另行制出样板。对于较复杂带有角度的结构零件,不能直接在板料型钢上号料时,可用覆盖过样的方法制出样板,利用样板进行划线下料,如图 2-5 所示。

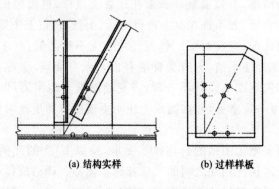

(a) 结构实样　　　　(b) 过样样板

图 2-5 覆盖过样法示意

覆盖和过样的方法和步骤如下。

①按施工设计图纸的结构连接尺寸画出实样。

②以实样上的型钢件和板材件的重心线或中心线为基准并适当延长,如图2-5(a)所示,把所用样板材料覆盖在实样上面,用直尺和粉线以实样的延长线在样板面上画出重心线或中心线。再以样板上的重心线或中心线为准画出连接构件的所需的尺寸,最后将样板的多余部分剪掉,做成过样样板,如图2-5(b)所示。

放样时要按图施工,从画线到制样板应做到尺寸精确,减少误差。放样允许偏差见表2-14。

一般号料样板尺寸小于设计尺寸0.5~1.0 mm。因划线工具沿样板边缘划线时,增加距离,这样正负值相抵,可减少误差。

表2-14 样板、样杆制作尺寸的允许偏差 单位:mm

项目		容许偏差
样板	长度	0,−0.5
	宽度	0,−0.5
	两对角线长度差	1.0
样杆	长度	±1.0
	两最外排孔中心线距离	±1.0
同组内相邻两孔中心线距离		±0.5
相邻两组端孔间中心线距离		±1.0
加工样板的角度		±20′

2. 下料

下料也称为号料,是根据施工图纸的几何尺寸、形状制成样板,利用样板或计算出的下料尺寸,直接在板料或型钢表面上,划出零构件形状的加工界线,采用剪切、冲裁、锯切、气割等制作的过程。

(1)下料准备

①准备好下料的各种工具。如各种量尺、手锤、中心冲、划规、划针和凿子及上面提到的剪、冲、锯、割等工具。

②检查对照样板及计算好的尺寸是否符合图纸的要求。如果按图纸的几何尺寸直接在板料上或型钢上下料时,应细心检查计算下料尺寸是否正确,防止错误并避免由于错误而产生废品。

③发现材料上有疤痕、裂纹、夹层及厚度不足等缺陷时,应及时与有关部门联系并研究决定后再进行下料。

④钢材有弯曲和凹凸不平时,应先矫正,以减小下料误差。

材料的摆放,两型钢或板材边缘之间至少有50~100 mm的距离以便划线。规格较大的型钢和钢板放、摆料要有吊车配合进行,可提高工效,保证安全。

（2）下料加工符号

下料常用的下料符号见表 2-15。在下料工作完成后，在零件的加工线、拼缝线及孔的中心位置上应打冲印或凿印，同时用标记笔或色漆在材料上注明加工内容，为以下工序的剪切、冲裁和气割等加工提供方便。

表 2-15　常用下料符号

序号	名称	符号	序号	名称	符号
1	板缝线		5	余料切线	
2	中心线		6	弯曲线	
3	R曲线	R曲	7	结构线	
4	切断线		8	刨边符号	

3. 钢材下料质量预控项目及防治措施

对错用钢材的工程，根据工程的重要性、特点，由上级技术主管部门召集相应范围的鉴定会，根据危害的不同程度制订相应的治理方案，限期完成，具体见表 2-16。

表 2-16　钢材下料质量预控项目及防治措施

	样板尺寸误差大	下料尺寸偏差大
现象	放样和样板（样杆）的对角线、长度、宽度、孔距等超过允许值	下料的对角线、外形尺寸及孔距等超过允许值
原因分析	①放样人员对图纸之间的关系不清楚，或者施工图有错误。 ②土建、钢结构制作、安装、监理所使用的钢尺未经计量单位检验合格，并未互相核对。 ③样板杆件有弯曲，拼装平台标高有问题。 ④对焊接节点的样板，没有对杆件留出焊接收缩值。 ⑤没有经过必需的检验程序	①下料人员的下料图及定尺计划不详。 ②材料外观不平直、弯曲或端部有倾斜。 ③锯、割、刨、铣、焊工序所留加工余量及焊接收缩值不对。 ④拼接件制孔工序颠倒。定位靠模下料尺寸有误。 ⑤下料件未假定基准线或做其他标记，又未经专业人员程序检验

	样板尺寸误差大	下料尺寸偏差大
现象	放样和样板(样杆)的对角线、长度、宽度、孔距等超过允许值	下料的对角线、外形尺寸及孔距等超过允许值
防治措施	①放样人员对图纸必须清楚,发现问题应及时与设计人员沟通。 ②参与钢结构施工的单位使用的钢尺,必须经过计量单位检验合格(在有效期之内),并互相核对,定出每盘钢尺的正负值。所使用的经纬仪、水准仪也同样需经计量单位检验合格方可使用。 ③用钢尺量距,钢尺摊平拉紧,分段尺寸应叠加量取全长,不准分段尺寸量取后相加累计全长。 ④样板的杆件必须调直,拼装平台的标高误差一般控制在1 mm以内。 ⑤对焊接节点的样板,视节点和杆件实际情况,必须留出焊接收缩值。如无经验参考值,可通过焊接试验定出收缩值。 ⑥样板必须经过自检、专业(监理)检验人员检验。放样和样板(样杆)的允许偏差见表2-17	①下料人员对下料图必须看清楚,尤其是对定尺计划排料更要合理安排,才能保证下料尺寸并合理节约钢材。 ②材料外观不符合要求的要进行矫正或裁边后使用。 ③按有关工序规定留好加工余量及焊接收缩值。对高层钢框架柱,尚应预留弹性压缩量。具体数据由制作厂和设计人员协商确定。 ④采用无齿锯(即砂轮锯)下料时,要注意由于砂轮越磨越薄,致使定尺下料的杆件尺寸越下越长。 ⑤对受力和弯曲构件,下料应按工艺规定的方向取料,弯曲件外侧不应有伤痕。 ⑥拼接制孔必须是先拼接好,并矫正完毕达到拼接允许偏差之内再制孔,否则会出现误差。 ⑦定位靠模下料,必须随时检查靠模及成品尺寸的正确性。 ⑧下料件必须加工基准线或冲点标准,否则拼装无依据。 ⑨钢材下料宜用钢针划线,并配弹簧钢丝、直尺、角尺,以保证精度。 ⑩根据下料件部位的重要性,进行不同比例的抽检。下料与样杆(样板)的允许偏差见表2-17

表 2-17　放样和样板(样杆)的允许偏差　　　单位:mm

项次	项目	允许偏差
1	平行线距离和分段尺寸	±0.5
2	对角线	±1.0
3	长度、宽度	长度0~0.5,宽度-0.5~0
4	孔距	±0.5
5	组孔中心线距离	±0.5
6	加工样板的角度	±20'
7	零件外形尺寸	±1.0
8	基准线(装配或加工)	±0.5

2.4.3 切割

1. 切割

（1）一般规定

切割余量的确定可依据设计进行。如无明确要求，可参照表2-18选取。

表2-18 切割余量　　　　　　　　　　单位：mm

加工余量	锯切	剪切	手工切割	半自动切割	精密切割
切割缝		1	4～5	3～4	2～3
刨边	2～3	2～3	3～4	1	1
铣平	3～4	2～3	4～5	2～3	2～3

①钢材的下料切割方法通常可根据具体要求和实际条件参照表2-19选用。

表2-19 各种切削方法分类比较

类别	使用设备	特点及适用范围
机械切割	剪板机 型钢冲剪机	切割速度快、切口整齐、效率高，适用薄钢板、压型钢板、冷弯钢管的切削
	无齿锯	切割速度快，可切割不同形状的各类型钢、钢管和钢板，切口不光滑，噪声大，适于锯切精度要求较低的构件或下料留有余量最后尚需精加工的构件
	砂轮锯	切口光滑、生刺较薄易清除、噪声大、粉尘多，适于切割薄壁型钢及小型钢管，切割材料的厚度不宜超过4 mm
	锯床	切割精度高，适于切割各类型钢及梁、柱等型钢构件

②气割和机械切割的容许偏差应符合表2-20的规定。

表2-20 气割和机械切割的容许偏差　　　　　单位：mm

项目	气割容许偏差	项目	机械切割容许偏差
零件宽度、长度	±3.0	零件宽度、长度	±3.0
切割面平面度	$0.05t$，且$\leqslant 2.0$	边缘缺棱	1.0
割纹深度	0.3	型钢端部垂直度	2.0
局部缺口深度	1.0		

注：t为切割面厚度。

③切割后钢材不得有分层，断面上不得有裂纹，应清除切口处的毛刺、熔渣和飞溅物。

④钢材切割面应无裂纹、夹渣、分层和大于1 mm的缺棱，其切割面质量应符合下述规定。

ⅰ.切割面平面度如图2-6所示，即在所测部位切割面上的最高点和最低点，按切割面倾角方向所作两条平行线的间距，应符合 $u=0.05t$（t为切割面厚度）且不大于2.0 mm。

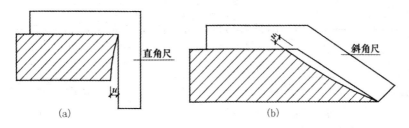

图 2-6　切割面平面度示意图

ⅱ. 切割面割纹深度（表面粗糙度）h 如图 2-7 所示，即在沿着切割方向 20 mm 长的切割面上，以理论切割线为基准的轮廓峰顶线与轮廓各底线之间的距离 $h \leqslant 0.2$ mm。

ⅲ. 局部缺口深度，即在切割面上形成的宽度、深度及形状不规则的缺陷，它使均匀切割面产生中断，其深度应小于等于 1.0 mm。

ⅳ. 机械剪切面的边缘缺棱，如图 2-8 所示，应小于等于 1.0 mm。

ⅴ. 剪切面的垂直度，如图 2-9 所示，应小于等于 2.0 mm。

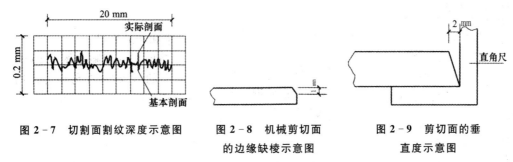

图 2-7　切割面割纹深度示意图　　图 2-8　机械剪切面的边缘缺棱示意图　　图 2-9　剪切面的垂直度示意图

⑤切割面出现裂纹、夹渣、分层等缺陷，一般是钢材本身的质量问题，特别是厚度大于 10 mm 的沸腾钢钢材容易出现这类问题，故需特别注意。

（2）剪切下料

剪切一般在斜口剪床、龙门剪床、圆盘剪床等专用机床上进行。

①在斜口剪床上剪切。为了使剪刀片具有足够的剪切能力，其上剪刀片沿长度方向的斜度一般为 10～15°，截面的角度为 72～80°。这样可避免在剪切时剪刀和钢板材料之间产生摩擦，如图 2-10 所示，上、下剪刀刃也有约 5～7°的刃口角。

上、下剪刀片之间的间隙，根据剪切钢板厚度不同，可以进行调整。其间隙见表 2-21，厚度越大，间隙应越大一些。一般斜口剪床适用于剪切厚度在 25 mm 以下的钢板。

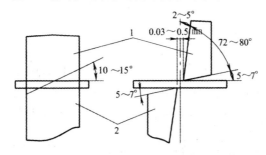

图 2-10　剪切刃的角度

1—上剪刀片；2—下剪刀片

表 2-21　斜口剪床上、下刀片之间的间隙　　　　　　　　　　　单位:mm

钢板厚度	<5	6～14	15～30	30～40
刀片间隙	0.08～0.09	0.1～0.3	0.4～0.5	0.5～0.6

②在龙门剪床上剪切。剪切前将钢板表面清理干净,并划出剪切线,然后将钢板放在工作台上,剪切时,首先将剪切线的两端对准下刀口。多人操作时,选定一人指挥控制操纵机构。剪床的压紧机构先将钢板压牢后,再进行剪切。这样一次就完成全长的剪切,而不是像斜口剪床那样分几段进行。因此,在龙门剪床上进行剪切操作要比斜口剪床容易掌握。龙门剪床上的剪切长度不能超过下刀口长度。

③在圆盘剪切机上剪切。圆盘剪切机是剪切曲线的专用设备。圆盘剪切机的剪刀由上、下两个呈锥形的圆盘组成。上、下圆盘的位置大多数是倾斜的,并可以调节,如图 2-11所示。上圆盘是主动盘,由齿轮传动;下圆盘是从动盘,固定在机座上。钢板放在两盘之间,可以剪切任意曲线形。在圆盘剪切机上进行剪切之前,首先要根据被剪切钢板厚度调整上、下两只圆盘剪刀的距离。

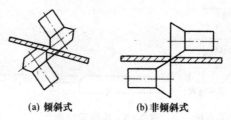

(a) 倾斜式　　　　　(b) 非倾斜式

图 2-11　两种不同圆盘剪切的装置

④剪切对钢材质量的影响。剪切是一种高效率切割金属的方法,切口也较光洁平整,但也有一定的缺点,主要有以下三个方面。

ⅰ.零件经剪切后发生弯曲和扭曲变形,剪切后必须进行矫正。

ⅱ.如果刀片间隙不适当,则零件剪切断面粗糙并带有毛刺或出现卷边等不良现象。

ⅲ.在剪切过程中,由于切口附近金属受剪力作用而发生挤压、弯曲而变形,由此而使该区域的钢材发生硬化。

当被剪切的钢板厚度小于 25 mm 时,一般硬化区域宽度在 1.5～2.5 mm 之间。因此,在制造重要的结构件时,需将硬化区的宽度刨削除掉或者进行热处理。

(3)冲裁下料

对成批生产的构件或定型产品,应用冲裁下料,可提高生产效率和产品质量。

冲裁方法如图 2-12(a)所示,冲裁时材料置于凸凹模之间,冲裁模具的间隙如图 2-12(b)所示。在外力的作用下,凸凹模产生一对剪切力(劈切线通常是封闭的),材料在剪切力作用下被分离。冲裁过程中材料的变形情况及断面状况,与剪切时大致相同。

冲裁一般在冲床上进行。常用的冲床有曲轴冲床和偏心冲床两种。

①冲床的技术参数对冲裁工作影响很大,在进行冲裁时,要根据技术性能参数进行选择。

ⅰ.冲床吨位与额定功率是两项标志冲床工作能力的指标。实际冲裁零件所需的冲裁功,必须小于冲床的这两项指标。薄板冲裁时,所需冲裁功较小,一般可不考虑。

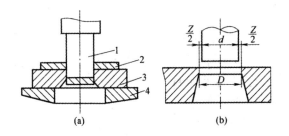

图2-12　冲裁

1—凸模；2—板料；3—凹模；4—冲床工作台

ⅱ．冲床的闭合高度，即滑块在最低位置时，下表面至工作台面的距离。冲床的闭合高度应与模具的闭合高度相适应。

ⅲ．滑块行程，即滑块从最高位置至最低位置所滑行的距离，也常称为冲程。冲床滑块行程的大小，应保证冲裁时顺利地进行退料。

ⅳ．冲床台面尺寸。冲裁时模具尺寸与冲床工作台面尺寸相适应，保证模具能牢固地安装在台面上。

②冲裁模具结构：冲裁模具的结构形式很多，但无论何种形式，其结构组成都要考虑如下五个方面。

ⅰ．凸模和凹模是直接对材料产生剪切作用的零件，是冲裁模具的核心部分。

ⅱ．定位装置作用是保证冲裁件在模具中的准确位置。

ⅲ．卸料装置（包括出料零件）作用是使板料或冲裁下的工件与模具脱离。

ⅳ．导向装置作用是保证模具的上、下两部分具有正确的模对位置。

ⅴ．装卡、固定位置的作用是保证模具与机床、模具各零件间连接稳定、可靠。

③冲裁加工操作要点有如下几方面。

ⅰ．搭边值的确定。为保证冲裁件质量和模具寿命，冲裁时料在凸模工作刃口外侧应留足够的宽度，即搭边。搭边值 a 一般根据冲裁件的板厚 t 按以下关系选取。

圆形零件：$a \geqslant 0.7t$；方形零件：$a \geqslant 0.8t$。

ⅱ．合理排样。冲裁加工时的合理排样，是降低生产成本的有效途径，就是要保证必要的搭边值并尽量减少废料，如图2-13所示。

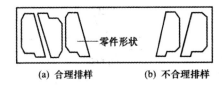

（a）合理排样　　　　（b）不合理排样

图2-13　排样

ⅲ．可能冲裁的最小尺寸。零件冲裁加工部分尺寸愈小，则所需冲裁边也愈小，但不能过小，尺寸过小将会造成凸模单位面积上的压力过大，使其强度不足。零件冲裁加工部分的最小尺寸，与零件的形状、板厚及材料的机械性能有关。采用一般冲模在较软钢料上所能冲出的最小尺寸为：方形零件最小边长＝0.9t，矩形零件最小短边＝0.8t，长圆形零件两直边最小距离＝0.7t（注：t为冲裁件板厚）。

（4）气割下料

气割可以切割较大厚度范围的钢材，而且设备简单，费用经济，生产效率较高，并能实现空间各种位置的切割，所以，在金属结构制造与维修中，得到了广泛的应用。尤其对于本身不便移动的巨大金属结构，应用气割更显示其优越性。

①气割条件。氧-乙炔气割是根据某种金属被加热到一定温度时在氧气流中能够剧烈燃烧氧化的原理，用割炬来进行切割的。

金属材料只有满足下列条件，才能进行气割。

ⅰ．金属材料的燃点必须低于其熔点。这是保证切割在燃烧过程中进行的基本条件。否则，切割时金属先熔化变为熔割过程，使割口过宽，而且不整齐。

ⅱ．燃烧生成的金属氧化物的熔点，应低于金属本身的熔点，同时流动性要好。否则，就会在割口表面形成固态氧化物，阻碍氧气流与下层金属的接触，使切割过程不能正常进行。

ⅲ．金属燃烧时应能放出大量的热，而且金属本身的导热性要低。从而保证了下层金属有足够的预热温度，使切割过程能连续进行。

满足上述条件的金属材料有纯铁、低碳钢、中碳钢和普通低合金钢。而铸铁、高碳钢、高合金钢及铜、铝等有色金属及其合金，均难以进行氧-乙炔气割。

②手工气割操作要点有如下几方面。

ⅰ．气割前的准备。

（ⅰ）场地准备。首先检查工作场地是否符合安全要求，然后将工件垫平。工件下面应留有一定的空隙，以利于氧化铁渣的吹出。工件下面的空间不能密封，否则会在气割时引起爆炸。工件表面的油污和铁锈要定时清除。

（ⅱ）检查切割氧气流线（风线）的方法是点燃割炬，并将预热火焰调整适当，然后打开切割氧阀门，观察切割氧流线的形状。切割氧流线应为笔直而清晰的圆柱体，并有适当的长度，这样才能使工件切口表面光滑干净，宽窄一致。如果风线形状不规则，应关闭所有的阀门，用透针或其他工具修整割嘴的内表面，使之光滑。

ⅱ．气割操作。气割操作时，首先点燃割炬，随即调整火焰。火焰的大小应根据工件的厚薄调整适当，然后再进行切割。

开始切割时，若预热钢板的边缘略呈红色时，将火焰局部移出边缘线以外，同时慢慢打开切割氧气阀门。如果预热的红点在氧流中被吹掉，此时应开大切割氧气阀门。当有氧化铁渣随氧流一起飞出时，证明已被割透，这时即可进行正常切割。

若遇到切割必须从钢板中间开始，要在钢板上先割出孔，再按切割线进行切割。割孔时，首先预热要割孔的地方，如图 2-14（a）所示，然后将割嘴提起离钢板约 15 mm，如图 2-14（b）所示，再慢慢开启切割氧阀门，并将割嘴稍侧倾并旁移，使熔渣吹出，如图 2-14（c）所示，直至将钢板割穿，再沿切割线切割。

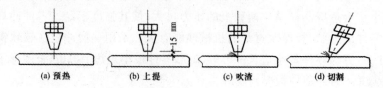

图 2-14　手工气割

在切割过程中,有时因嘴头过热或氧化铁渣的飞溅,使割炬嘴头堵住或乙炔供应不及时,嘴头产生鸣爆并发生回火现象,这时应迅速关闭预热氧气。若切割炬仍然发出嘶鸣,说明割炬内回火尚未熄灭,这时应再迅速将乙炔阀门关闭或者迅速拔下割炬上的乙炔气管,使回火的火焰气体排出。处理完毕,应先检查割炬的射吸能力,然后方可重新点燃割炬。

切割临近终点时,嘴头应略向切割前进的反方向倾斜,以利于钢板的下部提前割透,使收尾时割缝整齐。当到达终点时,应迅速关闭切割氧气阀门,并将割炬抬起,再关闭乙炔阀门,最后关闭预热氧阀门。

2. 钢材切割质量预控项目及防治措施

(1)钢材切割经常出现质量问题,具体现象有以下几种。

①零部件表面遗留硬性锤伤,因而损伤了构件的表面。

②冷、热弯曲、矫正和拼装用的模具、机具表面存在锐角边棱,损伤了零部件的表面。

③钢材用机械剪切后边缘存在硬化层或断裂层以及气割后的淬硬层(或氧化层),这些部分未作相应处理而改变材质性能和损伤零件边缘的截面。

(2)原因分析。主要是操作方法不当,工艺过程不符合规定要求。

(3)防治措施。

①操作使用的锤顶不应突起,打锤时锤顶与零件表面应水平接触,必要时应用锤垫保护,以防止击偏而使零件表面留下硬性锤痕以致损伤表面。

②冷、热弯曲、矫正加工及装配时,使用的模具和机具的表面过分粗糙时,应加工成圆弧过渡的圆弧面;对精度要求较高的零件加工,其模具表面的加工精度不能低于 $Ra12.5$,避免突出的锐角棱边损伤零件表面;其表面损伤、划痕深度不能大于 0.5 mm;如超过时需补焊,然后打磨处理至与母材平齐。

③重要承重结构的钢板用冲压机械剪切时,由于剪切应力很大,剪切边缘有1.5～2.0 mm 的区域产生冷作硬化,使钢材脆性增大,因此对于厚度较大、承受动力荷载一类的重要结构,剪切后应将金属的硬化层部分刨削或铲削除去。

④对重级工作制吊车梁等受拉零件的全部边缘用气割或机械剪切时,应将全长硬化层部分刨除;用半自动或手工气割局部时,应用机械或砂轮将局部淬硬层除去。

⑤矫正、拼装、焊接具有孔、槽和表面精度要求较高的零件时应认真加以保护,以保证结构的精度及表面不受损伤。

⑥为防止焊接损伤构件的表面,引弧或打火应在焊缝中间进行;为避免在起焊处产生温差或凹陷弧坑,焊接对接接头和 T 形接头的焊缝,应在焊件的两端设置引弧板,其材质、坡口型式应与焊件相同。

⑦焊接规定需预热的焊件以及在拼装时用的引弧板、组装卡具,焊前均应按焊件规定的温度进行预热;焊接结束应用气割切除并用砂轮修磨使其与母材平齐。不得用大锤击落,以免损伤母材。

⑧实腹式吊车梁等动力荷载一类的受拉构件,多以低合金高强钢板组合成,该种材质钢板在焊接时,在局部受热(焊点,电弧划伤)、划痕、缺口等表面损伤部位,常发生脆裂现象。因此在制造过程中必须特别注意,不能随意在梁的腹板、下翼缘等部位动火切割和点焊卡具。吊装或运输时应设溜绳控制方向加以保护,严禁与其他坚硬物体冲击碰撞。

(4)质量验收要求。钢材切割面或剪切面应无裂纹、夹渣、分层和大于 1 mm 的缺棱。通过观察或用放大镜及百分尺检查,有疑义时作渗透、磁粉或超声波探伤全数检查。

2.4.4　矫正和成型

1. 矫正和成型

在钢结构制作过程中,由于原材料变形、气割与剪切变形、焊接变形、运输变形等,影响构件的制作及安装质量。

碳素结构钢在环境温度低于 16℃和低合金结构钢在环境温度低于 12℃时,为避免钢材冷脆断裂不得不进行冷矫正和冷弯曲。矫正后的钢材表面不应有明显的凹痕和损伤,表面划痕深度不得大于 0.1 mm。当采用火焰矫正时,加热温度应根据钢材的性能选定,但不得超过 900℃,低合金钢在加热矫正后应慢慢冷却。

矫正就是制造成新的变形去抵消已经发生的变形。型钢的矫正分为机械矫正、手工矫正和火焰矫正等。

型钢在矫正时,先要确定弯曲点的位置(又称找弯),这是矫正工作不可缺少的步骤。在现场确定型钢变形位置,常用平尺靠量、拉直粉线来检验,但多数是用目测,如图 2－15 所示。

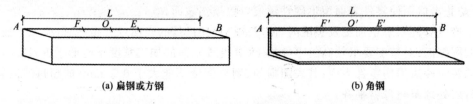

| (a) 扁钢或方钢 | (b) 角钢 |

图 2－15　型钢目测弯曲点

确定型钢的弯曲点时,应注意型钢自重下沉而产生的弯曲,以防影响准确查看弯曲,因此对较长型的型钢测弯要放在水平面上或放在矫架上测量。目测型钢弯曲点时,应以全长(*L*)中间 *O* 点为界,*A*、*B* 两人分别站在型钢的一端,并翻转各面找出所测的界前弯曲点(*A* 视 *E* 段长度、*B* 视 *F* 段长度),然后用粉笔标注。该方法适于有经验的工人,缺少经验者目测的误差就较大。因此,对较短的型钢测弯曲点时采用直尺测量,较长的应用拉线法测量。

(1)型钢机械矫正

型钢机械矫正是在型钢矫直机上进行的,如图 2－16 所示。

型钢矫直机的工作力有侧向水平推力和垂直向下压力两种。两种型钢矫正机的工作部分是由两个支撑和一个推撑构成。推撑可作伸缩运动,伸缩距离可根据需要进行控制,两个支撑固定在机座上,可按型钢弯曲程度来调整两支撑点之间的距离。一般矫大弯距离则大,矫小弯距离则小。在矫直机的支撑、推撑之间的下平面至两端,一般安设数个带轴承的转动轴或滚筒支架设施,便于矫正较长的型钢,是来回移动时的省力装置。

(2)型钢半自动机械矫正

型钢变形的矫正除用机械矫正外,在安装工地常用扳弯器、压力机、千斤顶等小型机具进行半自动机械矫正。

①扳弯器矫正型钢。扳弯器矫正型钢时,应将型钢弯曲的凸面朝向扳弯器的顶点,两钩

钩在型钢凹面两端,手扳主轴转杆加力即可矫正,如图 2－17(a)所示。为了防止回弹,可加多扳些。卸除扳弯器时用锤击打消除应力后即可。

②手扳压力机矫正型钢。用手扳压力机矫直型钢如图 2－17(b)所示,将变形型钢的凸面向上,凹面向下,放在压力机顶轴下,使凸面最高点对准轴头,扳转主轴把柄,弯处通过顶轴力作用,即把型钢矫正。如果各面多处变形,应翻动型钢,按面分次矫正。

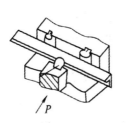

(a) 撑直机矫直角钢　　　**(b) 撑直机(或压力机)矫直工字钢**

图 2－16　型钢机械矫正

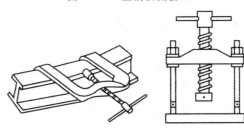

(a) 扳弯器矫直工字钢　　　**(b) 手扳压力机示意图**

图 2－17　手动机械矫正型钢

③千斤顶矫正型钢。用千斤顶矫正型钢时,可视型钢种类、规格及变形程度,选择适应吨位的千斤顶。如图 2－18 所示,千斤顶矫正槽钢各面弯曲变形,为使在小面同时均匀受力及防止其翼缘面局部产生异常变形,应在槽钢受力处加设垫块进行矫正。

(3)型钢手工矫正

型钢用人力大锤进行矫正,多数是用在小规格的各种型钢上,依点捶击力进行矫正。因型钢结构的刚度较薄钢板强,所以用捶击矫正各种型钢的操作原则为见凸就打。

①角钢手工矫正。角钢的矫正首先要矫正角度变形,将其角度矫正后再矫正弯曲变形。

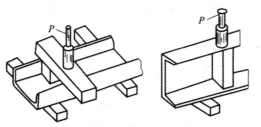

(a) 大小面上下弯曲的矫正　　　**(b) 大小面侧向弯曲矫正**

图 2－18　千斤顶矫正槽钢

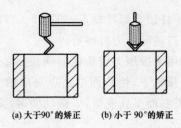

(a) 大于90°的矫正　　　(b) 小于90°的矫正

图 2 - 19　手工矫正角钢角度变形

角钢角度变形的矫正。角钢批量角度变形的矫正时,可制成 90°角形凹凸模具用机械压、顶法矫正;少量的局部角钢变形,可与矫正一并进行。当角度大于 90°时,将一肢边立在平面上,直接用大锤击打另一肢边,使角度达到 90°为止;其角度小于 90°时,将内角向上垂直放一平面上,将适合的角度锤或手锤放在内角,用大锤击打,扩开角度而达到 90°,如图 2 - 19 所示。

角钢弯曲手工矫正。用大锤矫正角钢方法如图 2 - 20 所示。将角钢放在矫架上,根据角钢的长度,一人或两人紧握角钢的端部,另一人用大锤击中角钢的立边面和角筋位置面,要求打准且稳。根据角钢各面弯曲和翻转变化以及打锤者所站的位置,大锤击打角钢各面时,其锤把如图 2 - 20 所示箭头方向略有抬高或放低。锤面与角钢面的高、低夹角约为3~10°。这样大锤对角钢具有推、拉作用力,以维持角钢受力时的重心平衡,才不会把角钢打翻和避免发生震手的现象。

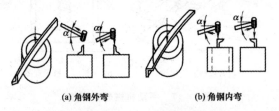

(a) 角钢外弯　　　　　(b) 角钢内弯

图 2 - 20　用大锤矫直角钢示意图

②槽钢的矫正。槽钢大小面方向变形弯曲的大锤矫正与角钢各面弯曲矫正方法相同。翼缘面局部内外凹凸变形的手工矫正方法如图 2 - 21 所示。

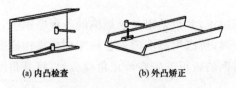

(a) 内凸检查　　　　　(b) 外凸矫正

图 2 - 21　槽钢翼缘面凹凸变形的手工矫正

槽钢翼缘面内凸的矫正。槽钢翼缘向内凸起矫正时,将槽钢立起并使凹面向下与平台悬空;矫正方法应视变形程度而定。当凹变形小时,可用大锤由内向外直接击打;严重时可用火焰加热其凸处,并用平锤垫衬,再大锤击打即可矫正。

槽钢翼缘面外凸矫正。将槽钢翼缘面仰放在平台上,一人用大锤顶紧凹面,另一人用大锤由外凸处向内击打,直到打平为止。

③扁钢的矫正。矫直扁钢侧向变形弯曲时,将扁钢凸面朝上、凹面朝下放置于矫正架上,用大锤由凸处最高点依次击打,即可矫正。

扁钢的扭曲矫正如图 2 - 22 所示。小规格的扁钢扭曲矫正先将靠近扭曲处的直段用虎钳夹紧,用扳制的开口扳手插在另一端靠近扭曲处的直段,向扭曲的反方向加力扳曲,最后放在平台上用大锤修整而矫正扁钢。扁钢扭曲的另一种矫正方法是将扁钢的扭曲点放在平台边缘上,按扭曲反方向进行两面逐段来回移动循环击打即可矫正。

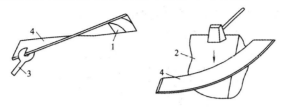

(a) 小规格扁钢用虎钳夹紧法矫正　　(b) 扁钢旋转平台边缘击打矫正

图 2 - 22　扁钢扭曲矫正

1—虎钳;2—平台;3—开口扳具;4—扭曲扁钢

④圆钢弯曲的矫正。手工矫正方法如图 2 - 23 所示。当圆钢制品的质量要求较严时,应将弯曲凸面向上放在平台上,用棒子锤压凸处,用大锤击打便可矫正。

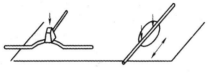

(a) 用棒子锤矫正　　(b) 用大锤击打矫正

图 2 - 23　圆钢弯曲手工矫正

一般圆钢的弯曲矫正时,可两人进行。一人将圆钢的弯处凸面向上放在平台一固定处,来回转动圆钢,另一人用大锤击打凸处,当全圆钢矫正 1/2,从圆钢另一端进行矫正,直到整根圆钢全部与平台面相接触即可。

(4)型钢火焰矫正法

用氧乙炔焰或其他气体的火焰对部件或构件变形部位进行局部加热,利用金属热胀冷缩的物理性能,钢材受热冷却时产生很大的冷缩应力来矫正变形。

加热方式有点状加热、线状加热和三角形加热三种。点状加热的热点呈小圆形,如图 2 - 24所示,直径一般为 10~30 mm,点距为 50~100 mm,呈梅花状布局,加热后"点"的周围向中心收缩,使变形得到矫正。

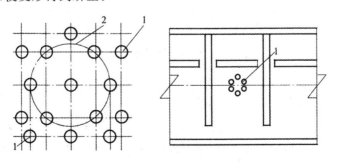

(a) 点状加热布局　　(b) 用点状加热矫正吊车梁腹板变形

图 2 - 24　火焰加热的点状加热方式

1—点状加热点;2—梅花形布局

线状加热,如图 2-25(a)、(b)所示,即带状加热,加热带的宽度不得大于工件厚度的 0.5~2.0 倍。由于加热后上下两面存在较大的温差,加热带长度方向产生的收缩量较小,横向收缩量较大,因而产生不同收缩使钢板变直,但加热红色区的厚度不应超过钢板厚度的 1/2,常用于 H 型钢构件翼板角变形的矫正,如图 2-25(c)、(d)所示。三角形加热,如图 2-26(a)、(b)所示,加热面呈等腰三角形,加热面的高度与底边宽度一般控制在型材高度的 1/5~2/3 范围内,加热面应在工件变形凸出的一侧,三角顶在内侧,底在工件外侧边缘处。一般对工件凸起处加热数次,加热后收缩量从三角形顶点起沿等腰边逐渐增大,冷却后凸起部分收缩使工件得到矫正,常用于 H 型钢构件的拱变形和旁弯的矫正,如图 2-26(c)、(d)所示。

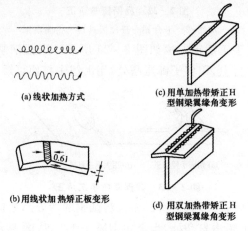

(a) 线状加热方式

(c) 用单加热带矫正 H 型钢梁翼缘角变形

(b) 用线状加热矫正板变形

(d) 用双加热带矫正 H 型钢梁翼缘角变形

图 2-25　火焰加热的线状加热方式

t—板材厚度。

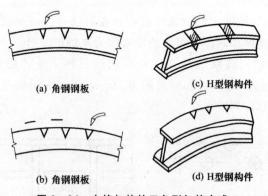

(a) 角钢钢板

(c) H型钢构件

(b) 角钢钢板

(d) H型钢构件

图 2-26　火焰加热的三角形加热方式

火焰加热温度一般为 700℃左右,不应超过 900℃,加热应均匀,不得有过热、过烧的现象;火焰矫正厚度较大的钢材时,加热后不得用凉水冷却,因水冷却会使钢材表面与内部温差过大,易产生裂纹;对低合金钢必须缓慢冷却;矫正时应将工件垫平,分析变形原因,正确选择加热点、加热温度和加热面积等,同一加热点的加热次数不宜超过 3 次。

点状的加热适于矫正板料局部弯曲或凹凸不平;线状加热多用于较厚板(10 mm 以上)的角变形和局部圆弧、弯曲变形的矫正;三角形加热面积大,收缩量也大,适用于型钢、钢板及构件(如屋架、吊车梁等成品)纵向弯曲及局部弯曲变形的矫正。

火焰矫正变形一般只适用于低碳钢、Q355,对于中碳钢、高合金钢、铸铁和有色金属等脆性较大的材料,由于冷却收缩变形会产生裂纹,所以不得采用。

2. 质量验收要求

矫正后的钢材表面,不应有明显的凹面或损伤,划痕深度不得大于 0.5 mm,且不应大于该钢材厚度负允许偏差的 1/2,应通过全数观察检查和实测检查。

冷矫正和冷弯曲的最小曲率半径和最大弯曲矢高应符合表 2-22 的规定。通过观察检查和实测检查,检查数量按冷矫正和冷弯曲的件数抽查 10%,且不应少于 3 个。

钢材矫正后的允许偏差,应符合表 2-23 的规定,通过观察检查和实测检查,检查数量按冷矫正和冷弯曲的件数抽查 10%,且不应少于 3 个。

表 2-22　冷矫正和冷弯曲的最小曲率半径和最大弯曲矢高　　　　单位:mm

钢材类别	图例	对应轴	矫正		弯曲	
			r	f	r	f
钢板扁钢		$x-x$	$50t$	$\dfrac{l^2}{400t}$	$25t$	$\dfrac{l^2}{200t}$
		$y-y$ (仅对扁钢轴线)	$100b$	$\dfrac{l^2}{800b}$	$50b$	$\dfrac{l^2}{400b}$
角钢		$x-x$	$90b$	$\dfrac{l^2}{720b}$	$45b$	$\dfrac{l^2}{360b}$
槽钢		$x-x$	$50h$	$\dfrac{l^2}{400h}$	$25h$	$\dfrac{l^2}{200h}$
		$y-y$	$90b$	$\dfrac{l^2}{720b}$	$45b$	$\dfrac{l^2}{360b}$
工字钢		$x-x$	$50h$	$\dfrac{l^2}{400h}$	$25h$	$\dfrac{l^2}{200h}$
		$y-y$	$50b$	$\dfrac{l^2}{400b}$	$25b$	$\dfrac{l^2}{200b}$

注:r 为曲率半径,f 为弯曲半径,l 为弯曲弦长,t 为板厚,b 为宽度,h 为高度。

表 2-23 钢材矫正后的允许偏差　　　　　　　　　单位:mm

项目		允许偏差	图例
钢板的局部平面度	$t \leqslant 14$	1.5	
	$t > 14$	1.0	
型钢弯曲矢高		$t/1000$ 且不应大于 5.0	
角钢肢的垂直度		$b/100$,双肢栓接角钢的角度不得大于 90°	
槽钢翼缘对腹板的垂直度		$b/80$	
工字钢、H 型钢翼缘对腹板的垂直度		$b/100$ 且不大于 2.0	

2.4.5　边缘加工和制孔

1. 边缘加工

　　钢吊车梁翼缘板的边缘、钢柱脚和肩梁承压支承以及其他要求刨平顶紧的部位,焊接对接口、焊接坡口的边缘,尺寸要求严格的加劲板、隔板腹板和有孔眼的节点板,以及由于切割下料产生硬化的边缘或采用气割、等离子弧切割下料产生带有有害组织的热影响区,一般均需边缘加工进行刨边、刨平或刨坡。

　　边缘加工方法有刨边机(或刨床)刨边、端面铣床铣边、电弧气刨刨边、型钢切割机切边、半自动气割机切边、等离子弧切割边、砂轮机磨边以及风铲铲边等焊接坡口加工形式,尺寸应根据图样和构件的焊接工艺进行。除机械加工方法外,对要求不高的坡口亦可采用气割或等离子弧切割方法,用自动或半自动气割机切割。对于允许以碳弧气刨方法加工焊接坡口或焊缝背面清根时,在保证气刨槽平直深度均匀的前提下可采用半自动碳弧气刨。

当用气割方法切割碳素钢和低合金钢焊接坡口时,对屈服强度小于 400 N/mm² 的钢只将坡口熔渣、氧化层等消除干净,并将影响焊接质量凹凸不平的地方打磨平整;对屈服强度不小于 400 N/mm² 的钢材,应将坡口表面及热影响区用砂轮打磨去除淬硬层。

当用碳弧气刨方法加工坡口或清焊根时,刨槽内的氧化层、淬硬层、顶碳或铜迹必须彻底打磨干净。边缘加工的允许偏差见表 2 - 24。

表 2 - 24　边缘加工的允许偏差

项目	允许偏差	项目	允许偏差
零件宽度、长度 l	±1.0 mm	加工面垂直度	$0.025t$,且不应大于 0.5 mm
加工边直线度	$l/3000$,且不应大于 2.0 mm	加工面表面粗糙度	$Ra \leqslant 50$ mm
相邻两边夹角	±6′		

注:t 为构件厚度。

2. 制孔

(1)钻孔

钻孔有人工钻孔和机床钻孔两种方式。前者由人工直接用手式枪或手提式电钻钻孔,多用于钻直径较小、板料较薄的孔,亦可采用压杠钻孔,如图 2 - 27 所示,由两人进行操作,可钻一般性钢结构的孔,不受工件位置和大小的限制;后者用台式或立式摇臂式钻床钻孔,施钻方便,工效和精度高。

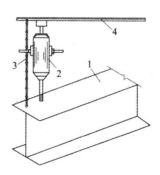

图 2 - 27　压杠钻孔法
1—工件;2—电钻;3—链条;4—压杆

构件钻孔前应进行试钻,经检查认可后方可正式钻孔。钻制精度要求高的精制螺栓孔或板叠层数多、长排连接、多排连接的群孔,可借助钻模卡在工件上制孔;使用钻模厚度一般为 15 mm 左右,钻套内孔直径比设计孔径大 0.3 mm;为提高工效,亦可将同种规格的板件叠合在一起钻孔,但必须卡牢或点焊固定;成对或成副的构件,宜成对或成副钻孔以便构件组装。

（2）冲孔

冲孔是用冲孔机将板料冲出孔来，效率高，但质量比钻孔差，仅用于非圆孔和薄板制冲孔操作。构件冲孔时，应装好冲模，检查冲模之间间隙是否均匀一致，并用与构件相同的材料试冲，经检查质量符合要求后，再正式冲孔。冲孔的直径应大于板厚，否则易损坏冲头。冲孔下模上平面的孔应比上模的冲头直径大 0.8～1.5 mm。大批量冲孔时，应按批抽查孔的尺寸及孔的中心矩，以便及时发现问题，及时纠正。当环境温度低于 20℃时，应禁止冲孔。

（3）扩孔

扩孔是将已有孔眼扩大到需要的直径。主要用于构件的拼装和安装，如叠层连接板孔，常先把零件孔钻成比设计小 3 mm 的孔，待整体组装后再行扩孔，以保证孔眼一致，孔壁光滑，或用于钻直径 30 mm 以上的孔，先钻成小孔，后扩成大孔，以减小钻端阻力，提高工效。

扩孔工具用扩孔钻或麻花钻，用麻花钻扩孔时，需将后角修小，使切屑少而易于排除，可提高孔表面的光洁度。

（4）锪孔

锪孔是将已钻好的孔上表面加工成一定形状的孔，常用的有锥形埋头孔、圆柱形埋头孔等。锥形埋头孔应用专用锥形锪钻制孔，或用麻花钻改制，将顶角磨成所需要的大小角度；圆柱形埋头孔应用柱形锪钻，用其端面刀刃切削，锪钻前端设导柱导向，以保证位置正确。

（5）制孔精度

A、B 级螺栓孔（Ⅰ类孔）应具有 H12 的精度，孔壁表面粗糙度 Ra 不应大于 12.5 μm。其孔径的允许偏差应符合表 2-25 的规定。C 级螺栓孔（Ⅱ类孔）孔壁表面粗糙度 Ra 不应大于 25 μm，其允许偏差应符合表 2-26 的规定。

表 2-25　A、B 级螺栓孔径的允许偏差　　　　　　　　单位：mm

序号	螺栓公称直径、螺栓孔直径	螺栓公称直径允许误差	螺栓孔直径允许误差	检查数量	检验方法
1	10～18	0.00，−0.21	+0.18，0.00	按钢构件数量抽查 10%，且不应小于 3 件	用游标卡尺或孔径量规检查
2	18～30	0.00，−0.21	+0.21，0.00		
3	30～50	0.00，−0.25	+0.25，0.00		

表 2-26　C 级螺栓孔径的允许偏差　　　　　　　　单位：mm

项目	允许偏差	检查数量	检验方法
直径	+1.0，0.0	按钢构件数量抽查 10%，且不应小于 3 件	用游标卡尺或孔径量规检查
圆度	2.0		
垂直度（t 为钻孔材料厚度）	0.03t，且≤2.0		

（6）孔距要求

根据《钢结构工程施工质量验收标准》（GB 50205—2020），螺栓孔孔距的允许偏差应符合表 2-27 的规定，按钢构件数量抽查 10%，且不应少于 3 件，用钢尺检查。螺栓孔孔距的允许偏差超过表 2-27 规定的允许偏差时，应采用与母材材质相匹配的焊条补焊后重新制孔,通过观察全数检查。

表 2 - 27　螺栓孔孔距允许偏差

单位:mm

螺栓孔距范围	≤500	501~1200	1201~3000	>3000
同一组内任意两孔间距离	±1.0	±1.5	—	—
相邻两组的端孔间距离	±1.5	±2.0	±2.5	±3.0

注:1. 在节点中连接板与一根杆件的所有螺栓孔为一组;

　　2. 对接接头在拼接板一侧的螺栓孔为一组;

　　3. 在两相邻节点或接头间的螺栓孔为一组,但不包括上述两项所规定的螺栓孔;

　　4. 受弯构件翼缘上的连接螺栓孔,每米长度范围内的螺栓孔为一组。

2.4.6　钢构件预拼装

构件在预拼装时,不仅要防止构件在拼装过程中产生的应力变形,而且也要考虑到构件在运输过程中将会受到的损害,必要时应采取一定的防范措施,尽可能地把损害降到最低。

1. 钢构件预拼装

(1)预拼装要求

①钢构件预拼装比例应符合施工合同和设计要求,一般按实际平面情况预装10%~20%。

②拼装构件一般应设拼装工作台,如在现场拼装,则应放在较坚硬的场地上用水平仪找平。拼装时构件全长应拉通线,并在构件有代表性的点上用水平尺找平,符合设计尺寸后用电焊点固焊牢。刚性较差的构件,翻身前要进行加固,构件翻身后也应进行找平,否则构件焊接后无法矫正。

③构件在制作、拼装、吊装中所用的钢尺应统一,且必须经计量检验,并相互核对,测量时间宜在早晨日出前,下午日落后最佳。

④各支撑点的水平度应符合下列规定:

ⅰ. 当拼装总面积为 300~1000 m² 时,允许偏差不大于 2 mm;

ⅱ. 当拼装总面积为 1000~5000 m² 时,允许偏差小于 3 mm。

单构件支撑点不论柱、梁、支撑,应不少于两个支点。

⑤钢构件预拼装地面应坚实,胎架强度、刚度必须经设计计算而定,各支撑点的水平精度可用已计量检验的各种仪器逐点测定调整。

⑥在胎架上预拼装过程中,不得对构件动用火焰、锤击等,各杆件的重心线应交汇于节点中心,并应完全处于自由状态。

⑦预拼装钢构件控制基准线与胎架基线必须保持一致。

⑧高强度螺栓连接预拼装时,使用冲钉直径必须与孔径一致,每个节点要多于 3 只,临时普通螺栓数量一般为螺栓孔的 1/3。对孔径检测,试孔器必须垂直且能自由穿落。

⑨所有需要进行预拼装的构件制作完毕后,必须经专检员验收,并应符合质量标准的要求。相同的单构件可以互换,不会影响整体几何尺寸。

⑩大型框架露天预拼装的检测时间,建议在日出前、日落后定时进行,所用卷尺精度应

与安装单位相一致。

（2）预拼装方法

①平装法。平装法适用于拼装跨度较小、构件相对刚度较大的钢结构，如长 18 m 以内的柱、跨度 6 m 以内的天窗架及跨度 21 m 以内的钢屋架的拼装。

该拼装方法操作方便，不需要稳定加固措施，也不需要搭设脚手架。焊缝焊接大多数为平焊缝，焊接操作简易，不需要技术很高的焊接工人，焊缝质量易于保证，校正及起拱方便并准确。

②立拼拼装法。立拼拼装法可适用于跨度较大、侧向刚度较差的钢结构，如 18 m 以上的钢柱、跨度 9 m 及 12 m 的窗架、24 m 以上的钢屋架以及屋架上的天窗架。

该拼装法可一次拼装多榀，块体占地面积小，不用铺设或搭设专用拼装操作平台或枕木墩，节省材料和工时，省却翻身工序，质量易于保证，不用增设专供块体翻身、倒运、就位、堆放的起重设备，缩短工期。块体拼装连接件或节点的拼接焊缝可两边对称施焊，防止预制构件连接件或钢构件因节点焊接变形而使整个块体产生侧弯。但需搭设一定数量稳定支架，块体校正、起拼较难，钢构件的连接节点及预制构件连接件的焊接立缝较多，增加焊接操作难度。

③利用模具拼装法。模具是指符合工件几何形状轮廓的模型（内模或外模）。用模具来拼装组焊钢结构，具有产品质量好、生产效率高等许多优点。对成批的板材结构、型钢结构，应当考虑采用模具进行拼装。

桁架结构的装配模，往往是以两点连直线的方法制成，其结构简单，使用效果好。如图 2-28 所示为构架装配模示意图。

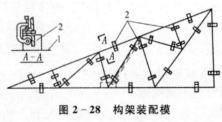

图 2-28　构架装配模
1-工作台；2-模板

2. 预拼装施工

（1）修孔

在施工过程中，修孔现象时有发生，如错孔在 3.0 mm 以内时，一般都用铣刀铣孔或铰刀铰孔，其孔径扩大不超过原孔径的 1.2 倍。如错孔超过 3.0 mm，一般都用焊条焊补堵孔，并修磨平整，不得凹陷。

考虑到目前各制作单位大多采用模板钻机，如果发现错孔，则一组孔均错，各制作单位可根据节点的重要程度来确定采取焊补孔或更换零部件。特别强调不得在孔内填塞钢块，否则会酿成严重后果。

（2）工字钢梁、槽钢梁拼装

工字钢梁和槽钢梁分别是由钢板组合的工程结构梁，它们的组合连接形式基本相同，仅是型钢的种类与组合成型的形状不同，如图 2-29 所示。

①在拼装组合时,首先按图纸标注的尺寸、位置在面板和型钢连接位置处进行划线定位。

②在组合时,如果面板较窄,为使面板与型钢垂直和稳固,防止型钢向两侧倾斜,可用与面板同厚度的垫板临时垫在底面板(下翼板)两侧来增加面板与型钢的接触面。

③用直角尺或水平尺检验侧面与平面垂直,几何尺寸正确后,方可按一定距离进行点焊。

④拼装上面板以下面板为基准。为保证上、下面板与型钢严密结合,如果接触面间隙大,可用撬杠或卡具压严靠紧,然后进行点焊和焊接,如图 2-29 中的 1、5、6 所示。

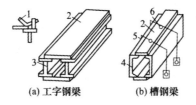

图 2-29　工字钢梁、槽钢梁组合拼装

1—撬杠;2—面板;3—工字钢;4—槽钢;5—龙门架;6—压紧工具

(3)箱形梁拼装

箱形梁的结构是由钢板组成的,也有型钢与钢板混合结构组成的,但多数箱形梁的结构是采用钢板结构组成的。箱形梁是由上、下面板,中间隔板及左右侧板组成。箱形梁的组合体如图 2-30(d)所示。

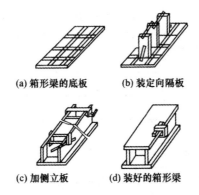

图 2-30　箱形梁拼装

箱形梁的拼装过程是先在底面板划线定位,如图 2-30(a)所示;按位置拼装中间定向隔板,如图 2-30(b)所示。为防止移动和倾斜,应将两端和中间隔板与面板用型钢条临时点固。然后以各隔板的上平面和两侧面为基准,同时拼装箱形梁左右立板。两侧立板的长度要以底面板的长度为准,靠齐并点焊。如两侧板与隔板侧面接触间隙过大时,可用活动型卡具夹紧,再进行点焊。最后拼装梁的上面板,如果上面板与隔板上平面接触间隙大、误差多,可用手砂轮将隔板上端找平,并用]型卡具压紧进行点焊和焊接,如图 2-30(d)所示。

(4)钢柱拼装

①施工步骤。

ⅰ.平装。先在柱的适当位置用枕木搭设 3～4 个支点,如图 2-31(a)所示。各支点高度应拉通线,使柱轴线中心线成一水平线,先吊下节柱找平,再吊上节柱,使两端头对准,然后找中心线,并把安装螺栓或夹具上紧,最后进行接头焊接,采取对称施焊,焊完一面再翻身焊另一面。

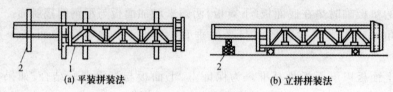

图 2-31　钢柱的拼装
1—拼接点;2—枕木

ⅱ.立拼。在下节柱适当位置设 2～3 个支点,上节柱设 1～2 个支点,如图 2-31(b)所示,各支点用水平仪测平垫平。拼装时先吊下节,使牛腿向下,并找平中心,再吊上节,使两节的节头端相对准,然后找正中心线,并将安装螺栓拧紧,最后进行接头焊接。

②柱底座板和柱身组合拼装。柱底座板与柱身组合拼装时,应符合下列规定。

ⅰ.将柱身按设计尺寸先行拼装焊接,使柱身达到横平竖直,符合设计和验收标准的要求。如果不符合质量要求,可进行矫正以达到质量要求。

ⅱ.将事先准备好的柱底板按设计规定尺寸,分清内外方向画结构线并焊挡铁定位,以防在拼装时位移。

ⅲ.柱底板与柱身拼装之前,必须将柱身与柱底板接触的端面用刨床或砂轮加工平整。同时将柱身分几点垫平,如图 2-32 所示。使柱身垂直柱底板,使安装后受力均称,避免产生偏心压力,以达到质量要求。端部铣平面允许偏差见表 2-28。

表 2-28　端部铣平面的允许偏差

项目	允许偏差/mm
两端铣平时构件长度 L	±2.0
两端铣平时零件长度 L	±0.5
铣平面的平面度	0.3
铣平面对轴线的垂直度	L/1500

ⅳ.拼装时,将柱底座板用角钢头或平面型钢按位置点固,作为定位倒吊挂在柱身平面,并用直角尺检查垂直度及间隙大小,待合格后进行四周全面点固。为防止焊接变形,应采用对角或对称方法进行焊接。

ⅴ.如果柱底板左右有梯形板时,可先将底板与柱端接触焊缝焊完后,再组装梯形板,并同时焊接,这样可避免梯形板妨碍底板缝的焊接。

(5)钢屋架拼装

钢屋架多数用底样采用仿效方法进行拼装,其过程如下。

①按设计尺寸,并按长、高尺寸,以 1/1000 预留焊接收缩量,在拼装平台上放出拼装底样,如图 2-33 所示。因为屋架在设计图纸的上下弦处不标注起拱量,所以才放底样,按跨度比例画出起拱。

②在底样上一定按图画好角钢面宽度、立面厚度,作为拼装时的依据。如果在拼装时,

角钢的位置和方向能记牢,其立面 30 mm 可省略不画,只画出角钢面的宽度即可。

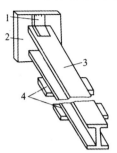

图 2 - 32　钢柱拼装示意图
1—定位角钢;2—柱底板;3—柱身;4—水平垫基

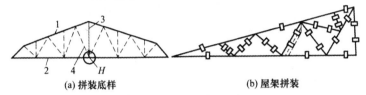

(a) 拼装底样　　　(b) 屋架拼装
图 2 - 33　屋架拼装示意图
H—起拱抬高位置;1—上弦;2—下弦;3—立撑;4—斜撑

③放好底样后,将底样各位置上的连接板用电焊点牢,并用档铁定位,作为第一次拼装基准的底模,如图 2 - 33 所示,接着,就可将大小连接板按位置放在底模上。

④屋架的上下弦及所有的立、斜撑,限位板放到连接板上面,进行找正对齐,用卡具夹紧点焊。待全部点焊牢固,可用起重机作 180°翻身,这样就可用该扇单片屋架为基准效仿组合拼装,如图 2 - 34(a)、(b)所示。

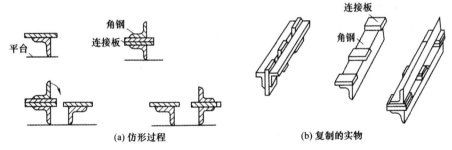

(a) 仿形过程　　　(b) 复制的实物
图 2 - 34　屋架仿效拼装示意图

⑤拼装时,应给下一步运输和安装工序创造有利条件。除按设计规定的技术说明外,还应结合屋架的跨度(长度),作整体或按节点分段进行拼装。

⑥屋架拼装一定要注意平台的水平度,如果平台不平,可在拼装前用仪器或拉粉线调整垫平,否则拼装成的屋架,在上下弦及中间位置会产生侧向弯曲。

⑦对特殊动力厂房屋架,为适应生产性质的要求强度,一般不采用焊接而用铆接。

以上仿效的复制拼装法具有效率高、质量好、便于组织流水作业等优点。因此,对于截面对称的钢结构,如梁、柱和框架等都可应用。

(6)梁的拼接

梁的拼接有工厂拼接和工地拼接两种形式。

①工厂拼接。由于钢材尺寸的限制,需将梁的翼缘或腹板接长或拼大,这种拼接在工厂中进行,故称工厂拼接。

ⅰ.工厂拼接多为焊接拼接,由钢材尺寸确定其拼接位置。拼接时,翼缘拼接与腹板拼接最好不要在一个剖面上,以防止焊缝密集与交叉,如图 2-35 所示。

ⅱ.腹板和翼缘通常都采用对接焊缝拼接,如图 2-35 所示。拼接焊缝可用直缝或斜缝。腹板的拼接焊缝与和它平行的加劲肋间至少应相距 $10t_w$。

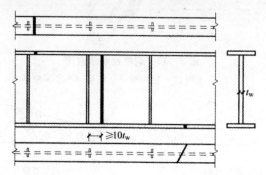

图 2-35　梁用对接焊缝的拼接

（ⅰ）用直焊缝拼接比较省料,但如焊缝的抗拉强度低于钢板的强度,则可将拼接位置布置在应力较小的区域。

（ⅱ）采用斜焊缝时,斜焊缝可布置在任何区域,但较费料,尤其是在腹板中。

（ⅲ）此外,也可以用拼接板拼接,如图 2-36 所示。这种拼接与对接焊缝拼接相比,虽然具有加工精度要求较低的优点,但用料较多,焊接工作量增加,而且会产生较大的应力集中。

ⅲ.为了使拼接处的应力分布接近于梁截面中的应力分布,防止拼接处的翼缘受超额应力,腹板拼接板的高度应尽量接近腹板的高度。

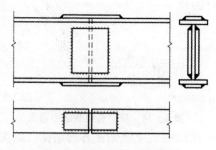

图 2-36　梁用拼接板的拼接

②工地拼接。由于运输或安装条件的限制,梁需分段制作和运输,然后在工地拼装,这种拼接方式称工地拼接。

ⅰ.工地拼接的位置主要由运输和安装条件确定,一般布置在弯曲应力较低处。

ⅱ.翼缘和腹板基本上在同一截面处断开,以便于分段运输。拼接构造端部平齐,如图 2-37(a)所示,能防止运输时碰损,但其缺点是上、下翼缘及腹板在同一截面拼接会形成薄弱部位。翼缘和腹板的拼接位置略错开一些,如图 2-37(b)所示,受力情况较好,但运输时端部突出部分应加以保护,以免碰损。

ⅲ．焊接梁的工地对接缝拼接处，上、下翼缘的拼接边缘均宜做成向上的 V 形坡口，以便俯焊。为了使焊缝收缩比较自由，减小焊接残余应力，应留一段（长度 500 mm 左右）翼缘焊缝在工地焊接，并采用合适的施焊程序。

ⅳ．对于较重要的或受动力荷载作用的大型组合梁，考虑到现场施焊条件较差，焊缝质量难以保证，其工地拼接宜用摩擦型高强度螺栓连接。

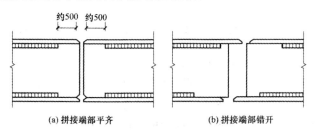

图 2-37　焊接梁的工地拼接（单位：mm）

(7)框架横梁与柱的连接

框架横梁与柱直接连接时，可采用螺栓连接也可采用焊缝连接，其连接方案大致有柱到顶与梁连接、梁延伸与柱连接和梁柱在角中线连接，如图 2-38 和图 2-39 所示。

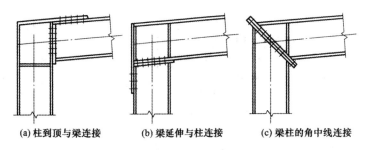

图 2-38　框架角的螺栓连接

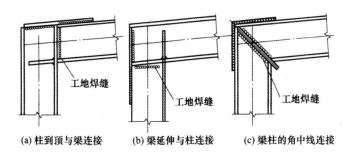

图 2-39　框架角的工地焊缝连接

这三种工地安装连接方案各有优缺点。所有工地焊缝均采用角焊缝，以便于拼装，另加拼接盖板可加强节点刚度。但在有檩条或墙架的框架中，会使横梁顶面或柱外立面不平，产生构造上的问题，对此，可将柱或梁的翼缘伸长与对方柱或梁的腹板连接。

对于跨度较大的实腹式框架，由于构件运输单元的长度限制，常需在屋脊处作一个工地拼接，可用工地焊缝或螺栓连接。工地焊缝需用内外加强板，横梁之间的连接用突缘结合。螺栓连接则宜在节点处变截面，以加强节点刚度。拼接板放在受拉的内角翼缘处，变截面处的腹板设有加劲肋，如图 2-40 所示。

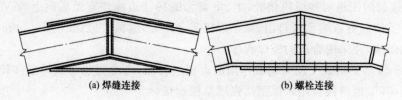

(a) 焊缝连接　　　　　　　　　　(b) 螺栓连接

图 2-40　框架顶的工地拼装

3. 预拼装检查

钢构件预拼装完成后,应对其进行必要的检查。构件预拼装的允许偏差应符合表 2-29 的规定。

预拼装检查合格后,对上下定位中心线、标高基准线、交线中心点等应标注清楚、准确。对管结构、工地焊缝连接处等,除应有上述标记外,还应焊接一定数量的卡具、角钢或钢板定位器等,以便按预拼装结果进行安装。

表 2-29　构件预拼装的允许偏差　　　　　　　　单位:mm

构件类型	项目		允许偏差	检验方法
多节柱	预拼装单元总长 L		±5.0	用钢尺检查
	预拼装单元弯曲矢高		$L/1500$,且应不大于 10.0	用拉线和钢尺检查
	接口错边		2.0	用焊缝量规检查
	预拼装单元柱身扭曲(h 为预拼装单元柱身截面高度)		$h/200$,且应不大于 5.0	用拉线、吊线和钢尺检查
	顶紧面至任一牛腿距离		±2.0	用钢尺检查
梁、桁架	跨度最外两端安装孔或两端支承面外侧距离		+5.0,-10.0	
	接口截面错位		2.0	用焊缝量规检查
	拱度(L 为梁或桁架的长度)	设计要求起拱	±$L/5000$	用拉线和钢尺检查
		设计未要求起拱	±$L/2000$	
	节点处杆件轴线错位		4.0	划线后用钢尺检查
管构件	预拼装单元总长 L		±5.0	用钢尺检查
	预拼装单元弯曲矢高		$L/1500$,且应不大于 10.0	用拉线和钢尺检查
	对口错边(t 为管构件壁厚)		$t/10$,且应不大于 3.0	用焊缝量规检查
	坡口间隙		+2.0,-1.0	
构件平面总体预拼装	各楼层柱距		±4.0	用钢尺检查
	相邻楼层梁与梁之间		±3.0	
	各层间框架两对角线之差(H 为柱高度)		$H/2000$,且应不大于 5.0	
	任意两对角线之差		$\Sigma H/2000$,且应不大于 8.0	

第3章 钢结构施工新技术

本章的主要内容是讲解钢结构施工新技术,内容包括多芯焊丝焊接技术,基于机器人技术的特殊空间网壳钢结构制造新技术,大跨度空间钢结构临时支撑卸载技术,钢结构恒力、弹性临时支撑技术,钢结构计算机控制提升安装技术,钢结构平移安装技术,开合钢屋盖安装技术,大型复杂膜结构施工技术。

3.1 多芯焊丝焊接技术

3.1.1 概述

随着时代的进步,建筑行业进入成熟期,国内建筑钢结构高速发展,在许多高层、超高层及大跨度建筑中,为满足造型和结构设计的需求,厚钢板的使用越来越广泛。因此,优良、高效、低耗的焊接是建筑钢结构工程中需要解决的一项重大问题。焊接水平,特别是自动化水平的提高,是实现钢结构技术快速发展的关键所在,多芯焊丝技术就是其中的重要课题。

3.1.2 技术简介

1. 双丝埋弧焊

(1)双电源双粗丝埋弧焊

顾名思义,双电源双粗丝埋弧焊的焊接电流分别从两个单独的电源流入两根独立的焊丝,如图 3-1 所示。前丝电极为直流,采用大电流、低电压,充分发挥直流电弧的高穿透性,获得较大的熔深和熔敷效率,并为后丝焊接提供预热功能,减低电能消耗;后丝电极为交流,采用小电流、大电压,增大焊缝熔宽,覆盖前丝大电流焊接后大量堆积的熔敷金属,改善焊缝外形和表面的光洁度。

双电源双粗丝埋弧属于多芯焊丝技术中运用最广泛的多电源多丝埋弧焊。因为每根焊丝由单独的焊接电源供电,理论上可以排列很多焊丝进行焊接,但限于焊缝尺寸及过大的焊接热输入量影响,应用最多的仍是双丝或三丝系统。焊丝排列顺序又分串列和并列。串列焊接时,当焊丝间距小于 50 mm 时,两个电弧形成一个公共的熔池;焊丝间距大于 50 mm 时,则形成两个独立的熔池,较长的熔池长度,使得熔池内热循环更加充分,有利于焊缝中微量元素的扩散,提高焊缝性能。并列焊接时,通过调节合适的焊丝间距,获得较大的熔宽及较小的熔深与热输入,适用于塞焊和堆焊等大填充量的焊接。

（2）单电源双细丝埋弧焊

单电源双细丝埋弧焊使用两根细丝代替一根较粗的焊丝，两根焊丝共用一个导电嘴，以相同的速度同时通过导电嘴向外送出，如图 3-2 所示。由于两丝靠得比较近，两焊丝互相影响，形成电弧共熔池。单电源双细丝埋弧焊一般采用直流反接，直流电源能保证电弧的稳定性，反接能减少气孔和飞溅数量。两焊丝平行且垂直于母材，焊接方向相对，因为使用单电源，设备的投资费用远低于双电源双粗丝埋弧焊。由于焊丝直径较小，单电源双细丝埋弧焊可得到较小的焊缝稀释率和较低的热输入，这意味着在某些焊缝金属填充量较大却对焊缝冲击韧性要求高的情况，这种焊接方法具有其独一无二的优越性。

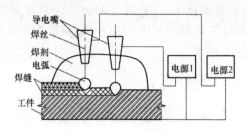

图 3-1　双电源双粗丝埋弧焊

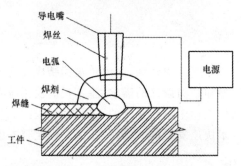

图 3-2　单电源双细丝埋弧焊

不同于多电源多丝埋弧焊，多芯焊丝技术中的单电源埋弧焊并不局限于双丝焊，单电源三丝焊、四丝焊也在逐步研究并推广应用，焊丝的排列顺序既可纵向排置，也可横向排置或者是成任意角度排置。

2. 多芯焊丝工艺参数

焊接的主要工艺参数包括焊接电流、电压以及焊接速度。其中，焊接电流是决定焊丝熔化速度、熔透深度和母材熔化速度的最重要参数。增大焊接电流，会使电弧的热功率和电弧力都有所增加，导致焊缝熔深增大，焊丝熔化速度增加，而熔宽变化不大，造成焊缝形状系数变小，这样的焊缝不利于熔池中气体及夹渣物的上浮和逸出，容易产生气孔、夹渣、裂纹等缺陷，严重时引起烧穿；焊接电流过小，焊接线能量低，熔池凝固过快，阻碍气体及夹渣物的逸出，焊缝中易产生气孔、夹渣等缺陷，严重时会造成未熔合。

多芯焊丝焊的目的在于增加单位时间的金属填充量而提高效率，即原单丝需要焊接两道的任务，采用双弧双丝后，仅需一道即可完成焊接，但这并不意味着工艺参数偏向于大电流低速度，该方法易造成焊缝成形差、焊缝力学性能低等问题。实际上，多芯焊丝埋弧焊主要在于通过提高焊车行走速度，将增加的熔化金属快速分摊到较长的焊缝里，实现高速焊接,同时获得优良的焊缝。

3. 焊接工艺试验

(1)焊接工艺试验

为比较多芯焊丝的使用性能,进行对比试验,见表 3-1 和表 3-2。

表 3-1　焊接工艺对比试验

项目	单电单粗丝	双电双粗丝	单电双细丝
焊丝	$H_{10}Mn_2$,$\phi 4.8$ mm	$H_{10}Mn_2$,$\phi 4.8$ mm	$H_{10}Mn_2$,$\phi 1.6$ mm
焊剂	SJ101		
母材	Q345GJC-Z25,$t=60$ mm,规格为 60 mm×200 mm×650 mm		
极性	直流反接	前丝直流,后丝交流	直流反接

表 3-2　试验所用焊接设备型号

类型	型号	数量
直流电源	MZ-1000	2
交流电源	BXL-1200	1
直流电源	ZD5-1250E	1
单电双丝埋弧焊焊车	MZC-1250M	1
单电单丝埋弧焊焊车		1
双电双丝埋弧焊焊车		1

焊接试验设备如图 3-3 所示。

　　　(a)　　　　　　　(b)　　　　　(c)　　　　　　(d)

图 3-3　焊接试验设备一览

针对车间最常见的对接、十字、角接焊接接头形式,进行焊接性能对比,三种接头形式如图 3-4 和图 3-5 所示。

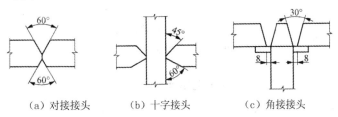

(a)对接接头　　　(b)十字接头　　　(c)角接接头

图 3-4　接头形式图(单位:mm)

| (a) | (b) | (c) |

图 3-5　三种接头形式试验试板

(2)焊接检验结果与分析

①焊接效率对比见表 3-3。

表 3-3　焊接效率对比

焊接方法	对接接头用时/s	十字接头用时/s	角接接头用时/s
单电单粗丝	2285	4427	7117
单电双细丝	1772	3752	4420
双电双粗丝	1451	2881	3240

注:该时间仅为焊接过程中的时间,不包含碳刨、打磨、清渣等时间。

焊接效率柱状对比如图 3-6 所示。

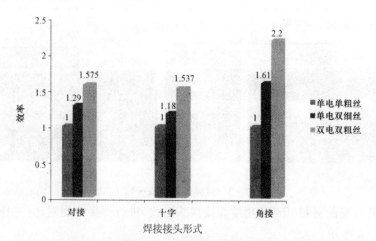

图 3-6　焊接效率柱状对比

注:将单电单粗丝焊接技术效率设定为 1 进行比较。

　　从图 3-6 可以看到,双电双丝比单电单丝对接接头的效率提高了 57.5%,比十字形接头的效率提高了 53.7%,比角接接头效率提高了 120%。单电双丝比单电单丝对接接头的效率提高了 29%,比十字接头的效率提高了 18%,比角接接头的效率提高了 61%。

　　实验结果:无论是双电双丝焊还是单电双丝焊,对于角接接头,效率提升明显;在对接接头和十字接头,双丝焊的效率提升较小。分析原因如下:在打底焊的过程中,采用单层单道焊接,焊缝成型系数对埋弧焊的影响较大,尤其双丝焊的焊丝填充量较大,而打底位置坡口较窄,熔池中的熔敷金属无法横向铺开,焊缝成形系数较小,伴随着出现焊缝表面不光滑、咬边、夹渣、余高凸起等问题,如图3-7和图3-8所示,这使得打底过程中,尤其是双电双丝焊接时,需要多次碳刨后补焊,严重影响了焊接效率。这一现象在打底焊熔深达到16 mm左右,可进行分道焊后不再出现。此时,熔敷金属逐渐铺开,焊缝成形美观。

对接接头和十字接头采用清根焊,正反两侧均采用打底焊,且根部空间狭小;而角接接头采用衬垫焊,打底次数减半且根部间隙大。这就是角接接头时,双丝焊效率提升最为明显的原因。对接时,焊缝坡口为60°,大于十字接头45°的坡口角度,所以对接接头时,双丝焊的效率提升略高于十字接头。

图3-7　单电双细丝焊打底焊缝成形　　图3-8　单电单粗丝焊打底焊缝成形

双电双粗丝根据先直流、后交流、两根焊丝可独立供电的特点,采用单丝先进行打底焊接,避免了根部打底焊成形不良的缺陷,对比于单电双细丝,焊接效率提升明显。

②力学性能对比见表3-4。

表3-4　力学性能对比表

检测结果	拉伸抗拉强度 R_m/MPa	侧弯	冲击(0℃) 冲击吸收能量 KV$_2$/J		金相	硬度
			焊缝中心	热影响区		
标准	≥470	无缺陷	≥34	≥34	无缺陷	≤350
对接单电单粗丝	534/541 断母材	合格	148，150，148（159）	171，178，136（162）	—	—
对接单电双细丝	535/534 断母材	合格	143，157，145（148）	159，204，176（178）	—	—
对接双电双粗丝	548/546 断母材	合格	90，100，87（92）	190，157，129（159）	—	—
十字单电单粗丝	515/515 断母材	—	119，109，125（118）	176，188，174（179）	合格	合格
十字单电双细丝	570/569 断母材	—	151，137，134（141）	170，222，214（202）	合格	合格
十字双电双粗丝	564/561 断母材	—	116，74，47（79）	174，160，179（171）	合格	合格
角接单电单粗丝	520/512 断母材	—	138，137，138（138）	208，190，202（200）	合格	合格
角接单电双细丝	528/521 断焊缝	—	135，118，130（128）	201，206，198（202）	合格	合格
角接双电双粗丝	530/532 断母材	—	76，90，110（92）	199，201，224（208）	合格	合格

从对接接头力学性能柱状对比图(见图3-9)可以看出,三种焊接技术接头抗拉强度相

差不大,但双电双粗丝焊缝中心冲击值较低,且热影响区的冲击值略低,这是由于双电双丝在焊接过程中,单位时间的填充量较大,热输入量较高,导致焊接接头的冲击性能降低。

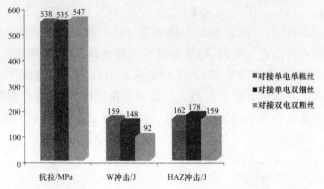

图3-9 对接接头力学性能柱状对比

从十字接头力学性能柱状对比图(见图3-10)可以看出,无论是双电双丝还是单电双丝,接头抗拉强度均不低于单电单丝。但单电双细丝因其焊丝直径小,设备具有高速焊接的特性,热输入量较低,使得焊缝中心冲击性能及热影响区冲击性能的优势明显。

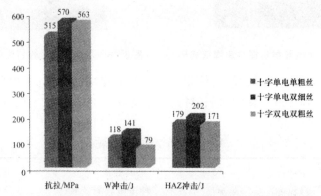

图3-10 十字接头力学性能柱状对比

从角接接头力学性能柱状对比图(见图3-11)可以看出,双电双粗丝热输入量较高,焊缝中心冲击性能略低,但由于角接接头焊缝坡口宽,填充金属不会大量堆积,当对热影响区的热输入量较小时,接头热影响区冲击性能并未明显下降。

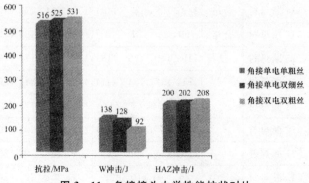

图3-11 角接接头力学性能柱状对比

至此,可以看到:双电双粗丝焊能够极大地提高焊接效率,但其热输入量较高,对焊缝冲

106

击性能略有影响;单电双细丝焊的焊接接头具有良好的力学性能,适用于高质量等级如 D 级、E 级钢材,并能够明显地提高焊接效率,值得被推广使用。

3.1.3　工程实例

工程实例:双电双粗丝技术在上海西亚宾馆箱型柱构件中的运用。

上海西亚宾馆改建项目位于寸土寸金的上海徐家汇,高度为 67.5 m,地下 3 层,地上 13 层。整栋建筑平面呈矩形,长约 56 m,宽约 22 m,建筑首层层高 7.2 m,标准层层高 4.4 m。西亚宾馆的结构体系为钢框架支撑悬挂结构。结构在标高 23.550 m(第 5 层)设置第一道桁架,桁架高 4.45 m;在标高 58.800 m(第 13 层)设置第二道桁架,桁架高 8.7 m。第 5 层承受悬挂其下的 2—4 层以及其上的 6—7 层荷载。第 13 层承受悬挂其下的 8—12 层荷载(见图 3-12)。

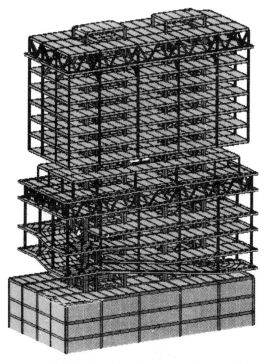

图 3-12　上海西亚宾馆改建项目结构三维示意图

主体钢结构采用焊接箱形柱,板厚为 50~70 mm,外围采用 BH 吊柱(见图 3-13),板厚为 50 mm。由于采用了悬挑桁架连吊柱的结构形式,焊接质量要求高。箱型柱为内灌混凝土钢柱,外侧有栓钉、牛腿、连接板,内部亦有竖向劲板、电渣焊隔板及栓钉,焊接量巨大。

以第一节箱形柱为例,本体板厚为 70 mm,本体翼腹板之间的拼制焊缝采用全熔透角接形式,12 根箱型柱本体焊缝总长约 350 m,采用单丝埋弧焊预计需要 120 个工时,5 台龙门单电单丝埋弧焊设备全力以赴,需要花费 12 d 左右。考虑工期因素,采用了双电双粗丝埋弧焊进行焊接(见图 3-14),在不到一周的时间内,顺利完成所有构件本体焊接任务,为零件装配焊接、电渣焊、栓钉焊、打磨、检验、矫正、抛丸、打包发运等工序预留了充沛的时间。

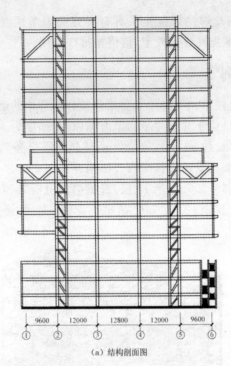

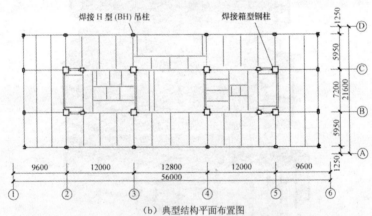

（a）结构剖面图

焊接H型(BH)吊柱　　　　焊接箱型钢柱

（b）典型结构平面布置图

图 3-13　结构剖面及典型结构平面布置图(单位:mm)

(a)　　　　　　　　　　　　　　(b)

图 3-14　箱形柱本体双电双粗丝焊接现场

在西亚宾馆项目实际生产过程中,BOX 柱、BH 柱本体焊接外观如图 3-15 和图 3-16 所示。双电双丝焊焊缝直线度良好,表面光滑,成形美观。由此可以看出,多芯焊丝技术优良,是提高焊接效率最有效的方法之一,需对其不断探索、推广以及运用。

（a）　　　　　　　　　　（b）　　　　　　　　　　（c）

图 3-15　箱型柱双电双粗丝埋弧焊打底（左）、填充（中）、盖面（右）成形

（a）　　　　　　　　　　（b）　　　　　　　　　　（c）

图 3-16　BH 柱双电双粗丝埋弧焊打底（左）、填充（中）、盖面（右）成形

3.2　基于机器人技术的特殊空间网壳钢结构制造新技术

3.2.1　概述

现代建筑追求新颖、轻巧、美观的效果,近几年在一些场馆及公共建筑中采用非常规形式截面构件组成的空间异形建筑越来越多,其中尤以上海世博会标志性建筑世博轴阳光谷为代表。这些建筑具有曲面异形、构件较小、精度要求高、节点数量众多且各不相同等特点。对于这类特殊的空间网壳钢结构,传统钢结构加工工艺,无论从技术上还是经济性上已不能适应精细化制造要求。基于机器人技术的特种钢结构制造新技术,可以完成从深化设计、制作到检测等全过程的工作,实现了特种钢结构高精度、高效率的精细加工,并实现了全过程无图纸化制造。

3.2.2 技术简介

1. 总体技术路线

基于机器人技术的特殊空间网壳钢结构制造新技术,其总体技术路线为:深化设计提供机器人加工所需要的数据,然后将这些数据电子文本通过数据接口导入机器人特定的数据库,用机器人控制软件调用处理后的数据,得到机器人加工轨迹的关键点数据,根据关键点及加工工艺要求生成轨迹指导机器人完成相关的加工作业。通过计算机测评软件系统完成对成品的精准检测。整个技术路线如图 3-17 所示。

图 3-17 技术路线

该项新技术适用于各种截面的空间网壳多杆交汇节点的加工,具有自主知识产权,实现了从深化设计到机器人加工再到成品检测的无纸化制造。

2. 深化设计

(1)原始模型分析及构件编号系统建立

对于特殊的空间网壳钢结构,由于其造型复杂,没有规律可循,所以节点间的相互关系无法使用简单的方程进行描述。当网壳杆件为矩形等截面时,还需要每个节点处的截面方向。曲面网壳由杆件与节点连接的方式形成完整结构,因此节点是多杆汇交的节点,由于汇交的杆件都超过 4 根,而且任意 3 根的结构轴线都不共面,因此每个节点必须同时迎合周围所有杆件的空间特性。典型的节点形式如图 3-18 所示。

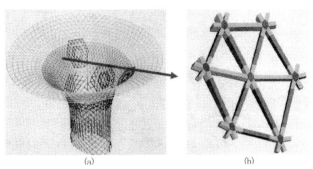

(a)　　　　　　　　　　　　(h)

图 3-18　典型特殊网壳节点

对于特殊的空间异形网壳来说,众多的节点和杆件,完全相同的构件几乎没有,也就是说要对大多数节点、每根杆件进行定义。因此,深化设计尤为重要,而且传统的深化设计表达方法应对起来极为繁杂。

因此,需要研究一种创新的深化设计方法。首先,在对原始模型的深入分析的基础上,建立一种编号以及识别方法,以便将节点和杆件间的相互关系表述清楚。编号系统力求简洁明了,能够表述清楚每个节点周围的相关节点编号,并将这些编号进行有序的排列。

(2)初始数据提取

深化计算过程将主要围绕构件的几何空间关系,所以整个辅助深化设计的过程中始终围绕着两种数据形式:其一为节点间的相互关系,其二为坐标数据。基于这个原因,在选择原始数据时就必须兼顾数据采集的简易性与实用性。

建筑整体结构分析后会得到一个结构的轴线模型,可以利用结构计算软件提取杆单元信息和节点坐标并形成表格,而这两种表格就可以直接成为辅助深化设计的原始数据。

(3)深化计算

通过拓扑关系分析,找出所有点、线间的关系,形成数据库,并将数据库中的节点编号按照一定的空间关系排列。

在完成了相关节点之间关系的梳理,得到了符合要求的数列以后,就可以轻易地找到同在一个三角形单元里的三个点(数列的第一个编号加上其他排列相邻的两个编号,或者数列的第一个编号加上第二及最后一个编号)。先将这三个点任意组成两个向量,求其外积并单位化,就得到了这三个点所在平面的单位法向量。以此方法就可以得到指定节点所在的所有三角形单元的单位法向量(见图 3-19)。将相邻三角形单元的单位法向量相加,即可得到以这两个单元相交线段为结构中心线的杆件的截面方向;再以这些和向量为基础就可得到该节点的法向量。

(4)输出数据转化

在节点的制造过程中,引入了机器人作为制造的主要力量,因此,深化设计的结果以数据为主,主要描述节点各个几何上的控制点的坐标。

在基础定义里已经得到了各节点位置的法向量,并且也知道了周围各杆件截面强轴的方向,同时在得到轴线模型下各轴线交汇点(即节点)坐标的前提下,也可以轻易地得到各杆件所在轴线的空间位置。基于这些基础数据,经过空间解析几何计算,可以得到构件各个平面的方程。然后,三个平面相交计算一个控制点,就得到了所有关键点的原始坐标数据。

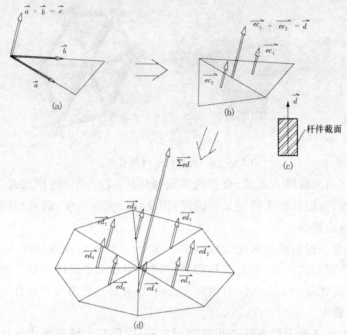

图 3-19　向量运算流程示意图

3. 节点机器人加工

（1）节点加工工艺

结合网壳节点的特点,将每个网壳节点分解为 1 个中心圆柱单元和相连杆件数量相同的牛腿构造单元(见图 3-20)。加工时,首先实现中心圆柱单元的标准化加工或定制,同时根据牛腿的尺寸参数批量加工或定制牛腿管材,切割下料后形成牛腿单元标准模块,再对其完成各组成单元结合面的精加工,然后完成整个节点的拼装,经回火、精加工、表面处理后,形成最终的节点成品。

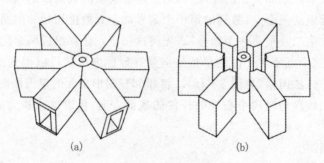

图 3-20　节点分解

从工程需求的角度出发,综合考虑节点受力特性和工期、造价等因素,空间网壳节点从制造工艺上可分为铸钢节点和焊接节点。图 3-21 为两种不同节点的加工工艺流程。

这两个工艺的思想完全一样,区别在于铸钢节点的关键在节点铸模的加工制造和节点的浇铸,而焊接节点主要做的是钢材的切焊。

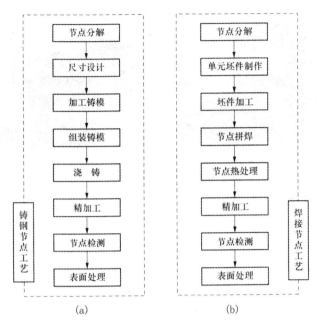

图 3‒21　两种不同节点的加工工艺流程

（2）加工机器人

根据两种不同节点的加工工艺：铸钢节点工艺的关键在节点铸模的加工，包含节点铸模构造单元的切割、拼装；焊接节点的关键在钢节点构造单元的切割与焊接拼装。此外，两种工艺都需要对节点进行端面精加工。

鉴于铸模加工过程是个连续的过程，通过建立节点铸模切、拼一体化工作站（见图 3‒22），来实现该过程全面自动化，减少人为的误差，提高精度。

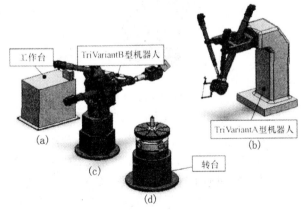

图 3‒22　加工机器人拼装工作站布局

机器人工作站包括 1 台 A 型机器人、1 台 B 型机器人及 1 台自由度数控转台。A 型机器人完成标准母模的切割，B 型机器人完成标准母模的搬运及切割完的模型拼装，数控转台配合 B 型机器人完成铸模的整体拼装。

此外，为实现节点端面的精加工，还需要配置节点端面铣装备与两轴回转工作台（见图 3‒23）。

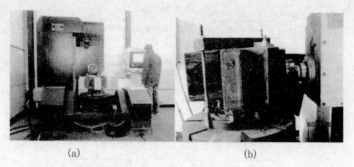

图 3-23　节点端面铣装备与两轴回转工作台

4. 成品构件检测

节点测评方法为利用三点坐标检测仪检测构件的所有关键控制点坐标,形成真实产品的三维虚拟模型,再经过严密的数据处理后与相应的设计模型进行比较,评估两者的偏差来描述成品的加工精度。

由流水线返回的数据作为检测后的构件实际坐标值,组合后形成实体构件的数据矩阵(可以认为是实体数字模型),再通过与原深化设计数据矩阵(可认为是设计数字模型)比对,分析偏差,形成客观的评估结论(见图3-24)。

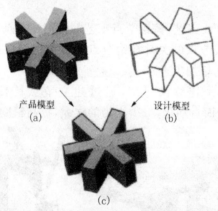

图 3-24　理论模型与实体数字模型互合

由于检测坐标矩阵与设计坐标矩阵的参照坐标系互不相同,因此在比较前必须将两套坐标值转化到同一个坐标系下。首先,利用数据间的相互关系进行分析,利用空间解析几何的一些理论,可以将检测坐标值转化到设计坐标值的参照坐标系下,使得转化后的检测坐标与设计坐标所在的坐标系具有相同的坐标原点与坐标 Z 轴,也就是说,两套坐标可以经过绕 Z 轴旋转后近似重合。

3.2.3　工程实例

1. 上海世博轴阳光谷工程

(1)工程概况

上海世博轴及地下综合体工程(简称"世博轴")位于浦东世博园核心区,有 6 个特征标志性强的阳光谷以满足地下空间的自然采光,阳光谷顶端与膜结构顶棚连接(见图3-25)。

114

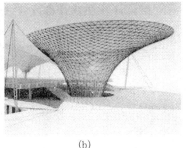

(a)　　　　　　　　　　(b)

图 3-25　世博轴效果图

　　阳光谷结构体系为三角形网格组成的单层网架,结构的下部为竖直方向,到上部边缘逐步转化为环向。阳光谷钢构件采用焊接箱形节点(部分为实心节点,采用铸钢件),截面高度为 180~500 mm,宽度为 65~140 mm,杆件长度为 1.00~3.50 m。杆件材质采用 Q355B。节点总数 10 348 个,构件总数 30 738 件,阳光谷钢结构总重约 3 075 t。阳光谷结构的特点在于:虽然重量总和不大,但是构件数量巨大;虽然构件形态各异,几乎没有相同的构件,但是截面类型多有重复;虽然整体几何形态复杂,但具备程序化设计的条件。

　　(2)总体思路

　　对于这一特殊钢结构的制造,研究开发了基于机器人技术的特殊钢结构无纸化制造新技术。所谓无纸化制造,并非是抛弃传统图纸形式,而是更多地以多维数据库的形式来进行工程数据的传递。从设计阶段开始就建立数据库,保存各类设计成果;下游的所有深化设计工作将以设计方提供的数据为依据,进行分类处理,形成工厂加工数据和现场施工所需要的定位数据;然后,加工厂得到深化设计数据,即可导入数字化的加工设备中,直接开始生产;再后,以实物产品的检测数据与设计数据进行比对来判断产品是否合格;在现场则可以参考上述所有已经取得的数据,利用全站仪等精准的电子定位设备来指导施工的进行。这样,在整个工程的实践过程中,各阶段间完全可以做到无缝衔接,既可以降低运营成本,又可以最大限度地减少人为的错误。

　　首先,需要确立一种编号及识别方法,将节点和杆件间的相互关系表述清楚。编号系统力求简洁明了,所以与其编制一套烦琐的编号系统不如直接将每个节点用阿拉伯数字进行无规则的编号,然后表述清楚每个节点周围相关节点的编号分别是哪些数字,并将这些编号进行有序排列。如图 3-26 所示,所有的节点都被分配一个数字,以中间的 01 节点为例,周围有八个相关的节点,编号从小到大分别为 05、09、11、176、665、737、1577、1698。将它们连同中间的节点编号排列为一个数列,中间节点编号列第一位,选取最小的编号排在第二位,其余的以逆时针顺序排列,即可得到这样一个数列{01,05,1577,176,1698,11,737,09,665},节点之间的杆件只需要以两端节点的编号即可表示。

　　然后,需要取得空间建筑轴线模型,从中提取各个节点和杆件的相应数据,包括节点坐标和杆件间的相互关系,形成一个原始数据库。整个网壳结构可以看作是由众多小三角形构成的近似曲面形状。可以定义矩形杆件截面的强轴所在的平面是相邻两个三角形平面角的平分面。杆件轴线交汇点的法线方向,是由平面法向量合成杆件截面向量,再将节点所有的杆件截面向量合成得到。在确定了基本特性的定义后,结合设计提供的各个矩形截面的尺寸,利用现有三维设计软件或者自行设计程序来生成实体模型(见图 3 - 27)。

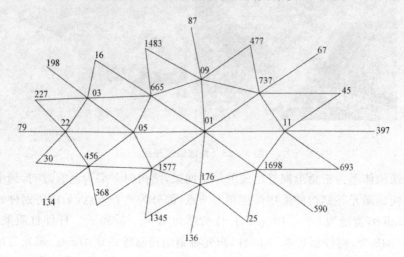

图 3 - 26　局部编号示意图

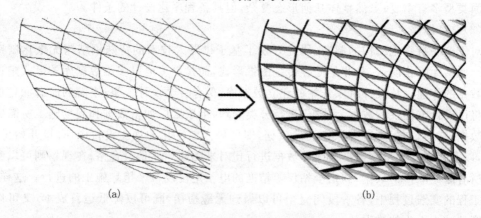

(a)　　　　　　　　　　　　　　　　　(b)

图 3 - 27　从轴线模型转化为实体模型

完成了整个钢结构部分的实体建模后,根据加工的具体要求,可以选取所需的部分采集数据并形成深化设计数据包,再以 Excel 表格的形式表现出来。

在深化设计完成之后,将设计结论传递到加工厂加工终端上,选择 5 自由度的机器人作为加工终端,在配置完端口后它可以顺利地读取深化设计所产生的数据,并能够以十分高的精确度来加工构件。数据包可以通过 internet 或者物理存储传递(具体方式需要视数据量大小和加工终端的具体需求而定)。

在加工制作上,采用模块化的思想,使得原本各不相同的构件可以按批量加工的模式进行生产,既可以配合数字化的深化设计结果,又兼具生产效率,可以降低成本。

(3)节点制造

阳光谷钢结构节点按照制作方式的不同,可以分为两种:铸钢节点与焊接节点。铸钢节点的关键问题在于如何能够快速为复杂节点铸造模型,这里采用"组合成模工艺"这一创新技术,即将各不相同的铸钢节点按一定的截面规格分解成标准模块,然后将标准模块按最终形状组合成模。标准模块采用高密度泡沫塑料压制成,利用机器人技术进行数控切割和数控定位组合成模(见图 3 - 28 和图 3 - 29),大大提高了模型的制作加工精度及效率。

图 3 - 28　机器人数控切割铸模(高密度泡沫塑料块)　　**图 3 - 29　节点泡沫塑料模型**

　　阳光谷共有实心铸钢节点 573 个,模型制作时间对工程进度来说是相当大的制约,采用组合成模技术后,按不同杆件截面划分为 11 种标准模块,显著降低造价,提高工效。

　　焊接节点主要是将节点分散为中心柱体与四周牛腿两大部分分别加工(图 3 - 30),最后组拼并焊接形成整体。首先将节点的每个牛腿按照截面特性做成矩形空心块体,然后利用机器人进行精确切割,形成基础组拼件,如图 3 - 30、3 - 31 所示。

(a)　　　　　　　　　　　　(b)

图 3 - 30　节点分解及分解后的牛腿

(a)　　　　　　　　　　　　(b)

图 3 - 31　机器人切割焊接节点牛腿

　　在完成了节点所有基础组拼件的加工后,组拼并焊接,形成完整节点。然后,需要对节点进行消除焊接应力的技术处理,再对牛腿与杆件连接的断面采用自行研制的数控专用机床进行铣削处理。阳光谷作为精细钢结构,较之常规钢结构来说,加工精度要求更高,以 0.1 mm 计,故非数控设备难以达到精度要求。因此,自主研发了专门的数控转台,配合工业铣床对构件的端面进行精加工,从而保证了构件的几何精准度(见图 3 - 32)。

（4）节点加工精度检测

由于之前的设计、加工过程都采用了数字化数据传递、分析的模式，所以在构件加工完成后的构件检测也可以水到渠成地采用数学模型的比对方法。利用三坐标检测仪检测构件的所有关键控制点坐标（见图 3-33），形成真实产品的参数矩阵（可以理解为实体数字模型），再经过严密的数据处理后与相应的深化设计数据矩阵（设计数字模型）进行比较，评估两者的偏差来描述产品的加工精度。

图 3-32　加工专用机床　　　　图 3-33　三坐标检测仪对实样进行检测

在得到了真实构件的数字模型后，每个构件的关键控制点坐标都可以转换到整个工程所用的坐标系下，这样在施工过程中只要将所有控制点的坐标输入定位控制设备（比如全站仪），控制每个关键点的位置即可以满足现场施工的需要（见图 3-34）。

图 3-34　数字模型指导现场施工

2. 上海自然博物馆"细胞壁"结构

（1）工程概况

上海自然博物馆南墙立面采用类似"细胞壁"构造的钢结构。"细胞壁"结构体系为五边形和六边形网格组成的空间异形不规则单层网架，整个造型呈半椭圆形螺旋上升。"细胞壁"结构起始于 −16.1 m 的基础底板上，最高处为 32.5 m，弧线长度约 160 m，展开面积约 8 400 m^2（见图 3-35）。

整个"细胞壁"主体结构为钢结构（见图 3-36），杆件为焊接箱形截面，截面规格为 500 mm×275 mm×16 mm×14 mm。钢构件形式分为节点和杆件。其中杆件总数约 1 300 根，杆件长度为 0.50～3.0 m，单根杆件最重约 250 kg，杆件总重约为 320 t；节点总数约 900 个，单个节点重约 250 kg，节点总重约为 235 t。所有钢材材质均为 Q355B。

(a)　　　　　　　　　　　　　　　　　(b)

图 3 - 35　上海自然博物馆及"细胞壁"效果图

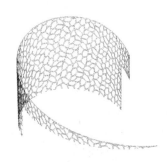

图 3 - 36　"细胞壁"钢结构轴侧图

（2）深化设计

"细胞壁"钢结构为典型的由矩形杆件多杆交汇而成的复杂异形网壳,结构造型特殊,节点和杆件数量众多,且几乎无相同杆件或节点。面对数量庞大、参数特征各异的节点,通过网壳结构分解(见图 3 - 37)、初始数据提取、拓扑关系分析、构件单元提取、杆件空间位置截面方向的判断,在自行开发的软件的辅助下,自动生成实体模型,并能提取节点控制坐标,实现加工数据的采集和处理(见图 3 - 38)。

（3）汇交节点加工

异型网壳结构由三边形(或四边形、五边形、六边形)网格分格组成,任意两个网格分格都不处于同一面,每根杆件相对于节点中心 Z 轴存在一个法向夹角 α,如图 3 - 39 所示。

箱型截面杆件无法交汇,要形成一个节点,中心必有一个过渡区,如图 3 - 39 的阴影部分所示。由于 α 的存在,理论上各牛腿交汇处(图 3 - 39 中的阴影部分角点)标高各异。因此,节点可分解成中心过渡平板区和伸出牛腿区两部分,而中心平板厚度要能抵消各角点标高差值,即要满足各牛腿翼板都能与其相交。

采用的加工工艺如下。

总的思路上,采用相贯牛腿节点工艺,即将每个汇交弧瓣式的牛腿分解成几个独立的单元,通过几个独立的牛腿单元与中心圆柱的焊接,组成各种形状不同的节点,且节点强度与刚度得到提高(见图 3 - 40)。该工艺要求先将各牛腿焊接成标准节块,再相互交汇于中心圆柱,相贯面多,切割加工要求高。节点通过拼装胎架进行拼接并焊接成形,变形控制容易,加工精度高。

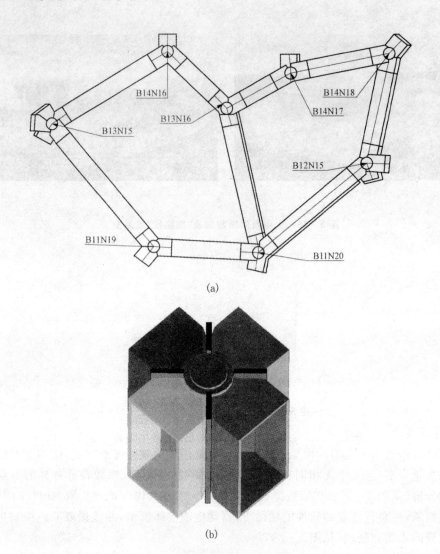

(a)

(b)

图 3-37 网壳结构分解

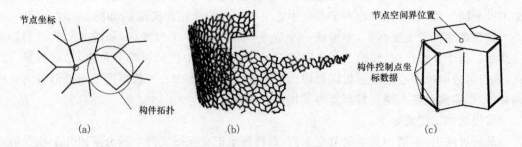

(a)　　　　　　　　　(b)　　　　　　　　　(c)

图 3-38 自行开发软件将网壳单线模型自动生成三维实体模型

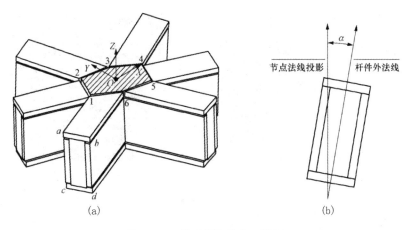

图 3－39 典型焊接节点三维图

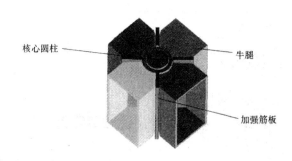

图 3－40 相贯牛腿节点示意图

①牛腿标准段制作。类似杆件制作工艺,在胎架上加工一定长度节段,为防止变形,中间设置若干加劲板。然后,根据牛腿长度,切割成标准牛腿。

②牛腿相贯面切割。采用 TV－R400 型多功能机器人对牛腿杆件进行三维切割,制成成形牛腿,保证了节点相贯曲面切割及端面加工精度,达到设计要求(见图 3－41)。由于常规的氧气-乙炔切割面粗糙,不光滑,为改善切割面精度,采用了等离子切割。

图 3－41 牛腿相贯面切割

③节点组装。将成形牛腿通过专用拼装台组装焊接节点,使其空间角度和尺寸在公差范围内。组装顺序为:先将贯通牛腿与中心圆柱对接,然后,安装相贯牛腿,校正到位后临时固定。为了保证翼板与中心圆柱的间隙,采用铜套辅助组装,以保证组装精确度,定位好后去除铜套(见图 3－42)。

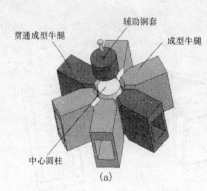

(a)　　　　　　　　　　　　　(b)

图 3 - 42　牛腿组装

④节点焊接和焊后应力消除。节点根据焊接工艺要求进行施焊。焊接完成后,根据节点特点,对节点采用振动时效处理,以消除焊接残余应力。

⑤端面加工。把消残完成、无损检测合格的节点定位在多杆汇交瓣式网壳节点数控专铣,对节点的各牛腿端面进行铣削加工(见图 3 - 43)。

⑥节点检测。加工完成后,通过对节点三坐标检测(见图 3 - 44),保证出厂的成品节点的加工符合设计要求。

图 3 - 43　端面加工　　　　　图 3 - 44　三坐标检测仪自动检测节点加工精度

3.3　大跨度空间钢结构临时支撑卸载技术

3.3.1　概述

大跨度空间钢结构安装方法可分为两大类:原位安装和异位安装。原位安装是指直接将钢构件安装至图纸设计位置的方法,比如原位散装、分段(分块)安装等都可归属于此类方法。异位安装是指将钢构件在异地(非图纸设计位置)先组装成整体或部分成型的结构,然后利用起重机或者其他手段整体移位至设计位置的安装方法,比如整体吊装、整体平移、整体提升(爬升、顶升)等都可归属于此类方法。对于原位安装来说,一般需要设置必要的临时支撑,以提供钢构件安装过程中的临时支承。而大跨度空间钢结构的受力情况在有临时支撑的状态下与正常使用状态有很大的差异,为确保拆撑的安全性,必须对卸载阶段结构(永久和临时)的安全性做出事前分析,根据分析结果,确定结构体系的转换方案。

随着大跨度空间钢结构体量越来越大，结构越来越复杂，临时支撑卸载问题越来越突出。施工阶段结构分析技术的发展和施工阶段结构监测技术的引入，为大跨度空间钢结构临时支撑卸载提供了事前、事中和事后全面的指导。

3.3.2　技术简介

大跨度空间钢结构临时支撑体系卸载的原则为：以结构计算为依据，以结构及支撑系统安全为宗旨，以变形协调为核心，以实时监控为手段。根据这一原则，卸载顺序设计必须保证主体结构及支撑系统的安全和变形协调，必须以结构分析和计算为依据。在这一前提下，设计合理可行、相对简单的卸载顺序。

大跨度空间钢结构受力复杂，支撑的卸载计算可借助于大型有限元分析软件进行。

支撑卸载可通过沙箱、液压千斤顶、螺旋千斤顶、气垫等器具辅助实现。螺旋千斤顶具有自锁性能好、缸体升降幅度易于控制的优点。在一些特重钢结构的卸载中，也可以采用承载力更高的液压千斤顶，通过计算机控制进行卸载。

卸载过程中应对支撑结构及永久结构进行监测，监测内容包括变形和内力两部分。内力可采用应变片或应变计以及数据采集仪进行动态实时监测，变形采用全站仪进行动态实时监测。

3.3.3　工程实例

1. 中国国家大剧院大型壳体钢屋盖卸载

中国国家大剧院工程大型钢壳体采用三道螺栓球节点网架临时支撑辅助和分段跨外综合安装的方法施工。壳体结构整体形成后需拆除临时支撑系统，需要使壳体结构由施工工况转换成使用工况。这一转换过程实际是临时支撑系统逐步卸载壳体结构承载的过程。

卸载时结构体系具有以下特点。

(1)结构体系复杂。其复杂不仅体现在主体结构自身，也表现在 S_0（中心支撑）、S_1（外圈）和 S_2（内圈）三道支撑系统空间体系的复杂转换上。

(2)各个支撑点由于主体结构和支撑系统的线刚度不同，因此其反力不仅初始值不同，且各点的变化规律也不同。

因此，卸载过程也是结构体系复杂化的过程。为此，必须对卸载顺序进行设计，按设计顺序进行相应的结构分析和计算，再按分析和计算的结果对卸载顺序进行调整，以寻找合理的卸载顺序和路线，并为卸载过程控制测量和监测提供理论数据。

根据卸载时结构体系的特点，研究制订卸载原则，即以结构计算为依据，以结构及支撑系统安全为宗旨，以变形协调为核心，以实时监控为手段。根据这一原则，卸载顺序设计必须保证主体结构及支撑系统的安全和变形协调，必须以结构分析和计算为依据。在这一前提下，设计了合理可行和相对简单的卸载顺序。

卸载步骤分为整体步骤和每一步骤的子过程。整体步骤分为 13 步，按先 S_1 后 S_0、S_2 循环下降，每步下降 5～10 mm。每一步骤的子过程通过分布在三道支撑上的 148 个点逐步分轮下降，每次下降 1～4 mm。这样通过多步骤循环下降，实施支撑卸载。

每一步骤的卸载次序和下降量，都通过了有限元模拟分析优化。计算过程中，将支撑系统的刚度引入计算模型,使卸载值的控制更为精确。

在支撑转换层上各卸载点设置螺旋千斤顶,利用千斤顶按多次循环、微量下降的原则实施支撑卸载。卸载顺序按上述设计的顺序。选择螺旋千斤顶作卸载工具,主要考虑其自锁性能好,缸体升降易于控制(见图 3-45)。

(a)

(b)

(c)

图 3-45　卸载操作

为了确保卸载的顺利进行,卸载需满足以下几项前提条件。

(1)壳体内所有构件全部安装到位。

(2)所有节点的连接已经完成,且验收合格。

(3)梁架底部的钢锲及侧向限位全部拆除。

(4)螺旋千斤顶的支架(包括节点)全部按设计要求完成,且验收合格。

(5)壳体外形经设计、监理等验收合格。

卸载监测包括变形监测和内力监测两部分。既包括对主体结构的监测,也包括对临时支撑系统的监测。内力监测采用应变计和数据采集仪进行动态实时监测,要求在每一个卸载大步前后测试一次测点位置的应力。变形采用全站仪进行动态实时监测(见图 3-46)。

卸载后,现场实测数据和理论计算值的大小和分布规律是基本吻合的。这说明结构的卸载分析是合理的,施工工艺和过程是成功的。

图 3-46　卸载监测

2. 中国国家体育场"鸟巢"钢屋盖卸载

国家体育场钢结构工程由 24 榀门式刚架围绕着体育场内部混凝土碗状看台区旋转而成,其中 22 榀拉通或基本拉通。大跨度钢结构大量采用由钢板焊接而成的箱形构件,交叉布置的主结构与屋面、立面的次结构一起编织成"鸟巢"的造型。钢结构采用高空散装的总体方案,主桁架采用地面分段拼装、高空对接的施工方法,在施工区域内分内、中、外三圈布置共 78 个支撑塔架辅助安装。

根据设计要求,顶面及肩部次结构在主结构卸载完成后进行安装。卸载点的布置如下:在每个支撑塔架顶部设置两台千斤顶和两个垫块支撑点,作为主桁架分段高空安装的主要受力支点。同时,这 78 个受力支点在卸载时作为卸载点,实现支撑塔架受力向结构受力的转移。支撑点布置及每个卸载点布置如图 3-47 所示。

在“分阶段整体分级同步”的卸载原则下,按照位移等比同步控制为主、卸载反力控制为辅,卸载方案最终确定为由外向内的卸载总顺序,并且在外、中、内三圈支撑塔架各圈卸载过程中保持同步,三圈支撑每次卸载的位移同各点的最终总位移保持等比关系,逐步实现支撑塔架受力向结构受力的转移。

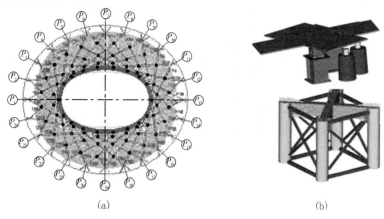

(a)   (b)

图 3-47 卸载点布置图及卸载点示意图

整个卸载过程共分七大步、三十五小步。卸载时,第一、二、三大步卸载步骤为:先外圈卸载 10%、中圈 5%、内圈 5%,再中圈 5%、内圈 5%;前三大步完成后外、中、内三圈各卸载总位移量的 30%。第四、五、六、七大步卸载步骤为:每大步先外圈卸载剩余位移量的 1/4、中圈 1/8、内圈 1/8,再中圈 1/8、内圈 1/8;后四大步完成后外、中、内三圈各卸载总位移量的 70%。最终,支撑脱离顺序为外、中、内。选用 ENERPAC 计算机控制同步顶升和下降控制系统进行卸载工作,位移同步精度可达到 3 mm。

3. 深圳证券交易所营运中心裙楼大悬挑钢桁架卸载

深圳证券交易所营运中心抬升裙楼采用全焊接箱形截面巨型钢桁架结构,东西悬挑 36 m,南北悬挑 22 m,巨型桁架下弦下表面标高为 36.870 m,顶面 10 层标高为 62.420 m(见图 3-48)。

裙楼主桁架采用胎架支撑、高空散拼的方案安装。在裙楼 46 个起拱点下设置临时支撑胎架(见图 3-49)。裙楼大悬挑钢桁架施工完毕后,采用砂箱集群卸架技术进行临时支撑卸载。支撑点在卸架过程中的最大理论竖向位移值为 24.2 mm,最小值仅 7.5 mm,最大单点卸载 305 t,最小单点卸载 102 t,总卸载吨位 9473 t。砂箱采用承受环向内压力较好的圆钢管作为外筒,配以紧密的圆形活塞,外筒底部开排砂口,排砂口设有开关灵活的阀门。砂箱内填充流动性好,承载力大的钢砂。当砂箱内的钢砂通过排砂口排出后,砂箱内的钢砂体积

钢结构建筑装饰施工与管理研究

减小,活塞随之向内收缩,砂箱高度从 H_1 减小到 H_2,使结构和临时支撑脱离。其原理如图 3 - 50 所示。

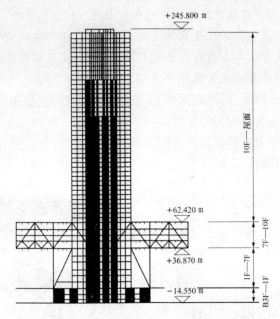

图 3 - 48　深圳证券交易所营运中心立面图

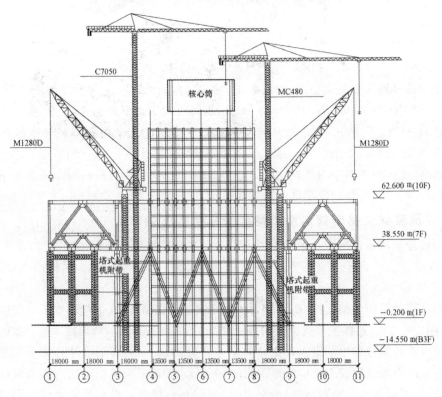

图 3 - 49　裙楼钢桁架安装临时支撑胎架立面示意图

126

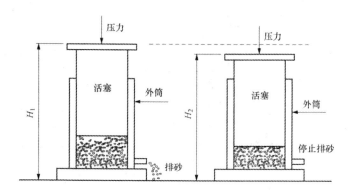

图 3-50　砂箱工作原理示意图

　　裙楼 46 个卸载点分为 3 个区域,分区轮换卸架,共采用砂箱 86 个。整个卸架分为 4 个阶段,每一阶段,各卸架分区完成 1 步卸架,共分 12 步完成。单步卸架位移控制在 5~8 mm,每步划分为 2 mm 的小步骤,方便协调分区内的支撑点同步卸架。随着结构的安装,结构和胎架呈现同步下降的趋势,进入卸载阶段,胎架荷载减小,逐步回弹,而结构继续下降,直至卸载结束时,胎架位形回到初始状态。

　　卸架过程监测分 4 次测量,另采用数码视觉位移监测系统对两处对称节点做实时位移监测,采用实时应变监测系统对所有施工过程应力测点进行应变监测。监测结果表明,所有测点在卸架过程中的应力增量最大值约为 20 MPa,在设计预控范围内。两处对称节点位移值基本同步,卸架后的最终位移值非常接近,显示出结构良好的对称性。

3.4　钢结构恒力、弹性临时支撑技术

3.4.1　概述

　　钢结构临时支撑广泛应用于大跨度钢屋盖、钢网架等结构体系的高空散装、分条分块安装及提升安装中。根据临时支撑组合形式分类,可分为单肢临时支撑和格构式组合支撑;根据临时支撑受力形式分类,可分为刚性支撑、恒力支撑以及弹性支撑。临时支撑的应用确保了施工过程中的结构稳定,控制了结构变形。本节重点介绍恒力支撑、弹性支撑新技术。

3.4.2　技术简介

1. 恒力支撑系统

　　恒力支撑系统区别于传统的刚性支撑,该体系将液压千斤顶油压系统和计算机控制系统相结合,通过计算机参数化指令确保液压千斤顶油压为某一恒定值。当作用于恒力支撑上的轴力小于恒定值时,千斤顶的刚度无穷大,基本没有伸缩量;当作用于恒力支撑上的轴力大于恒定值时,千斤顶处于保压状态,刚度变为零,千斤顶自动回缩,轴力降低至恒定值。

恒力支撑系统由4部分组成:PC人机交流系统,PLC控制系统,油压泵压力系统和钢支撑系统。如图3-51所示。

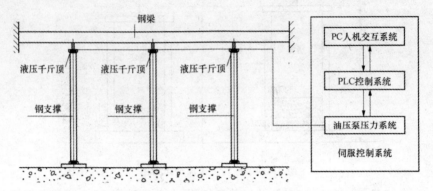

图3-51 恒力支撑系统技术原理图

其中PLC控制系统为整个系统的控制枢纽,连接其他三大系统。PLC将数据反映至PC人机交互系统,显示给监测人员;PC人机交互控制油压泵开启或关闭,增压或保压,同时,接收钢支撑端部的千斤顶轴力数据,与设计数据进行比较。PC系统将设计数据输入,转换成可视操作界面,油压泵提供支撑轴力数据,支撑轴力数据通过传感器将数据实时反馈给PLC控制系统。当反馈数据低于设计轴力数据范围时,PLC控制系统输出信号驱动油压泵系统开启,油压泵不断输送给钢支撑千斤顶压力,待传感器传回数据在一段时间内稳定于设计数据之上时,PLC系统输出信号关闭油压泵,油压泵停止工作;当反馈数据在设计数据范围之内时,一切正常,继续运行;当反馈数据高于设计数据范围的最大值时,PLC系统发出警报,进行降压处理。

综上所述,恒力支撑系统利用伺服控制系统控制支撑轴力为恒定值,通过控制支撑轴力值来确保传递至基础结构的力不会对基础产生破坏。恒力支撑形式多样,可以应用于各种对支撑轴力有严格要求的特殊环境,如地下室顶板、车站顶板、地铁区间等,其可以为水平向支撑,也可以为竖向支撑。

2. 弹性支撑系统

弹性支撑系统区别于刚性支撑和恒力支撑系统,是两者的综合,该支撑体系采用机械式支座实现对支撑轴力的预控制,如图3-52所示。

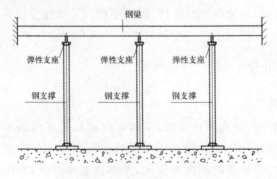

图3-52 弹性支撑系统技术原理图

其区别于恒力支撑系统,无法实时反映支撑轴力数据,也无法调整其轴力值。顶部弹性支座是一个由多个碟形弹簧串并联组成的机械装置,通过预压的方法给予支座一个预紧力,如图 3-53 所示。弹性支座内设置有 m 个碟形弹簧,共 n 组,支座承载力为 51.3 t×m(51.3 t 这一基数是根据碟形弹簧的性能来确定的),极限变形为 10 mm×n。

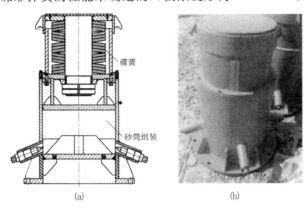

图 3-53 弹性支座示意图

当竖向荷载值小于预紧力值时,弹性支座刚度近似无穷大,支座不发生位移,该阶段支撑类似为刚性支撑;当竖向荷载值大于预紧力值时,弹性支座根据碟形弹簧组合刚度发生位移,支撑轴力缓慢增大,该阶段支撑为半刚性支撑;当弹性支座达到其变形最大值时,支撑轴力急剧增大,该阶段弹性支撑转化为刚性支撑。

以 30 kN 预紧力弹性支座为例,其轴力—变形线性图如图 3-54 所示。

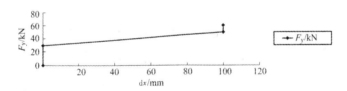

图 3-54 30 kN 预紧力弹性支座轴力—变形线性图

弹性支撑系统工作原理如图 3-55 所示。

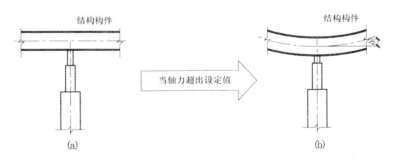

图 3-55 弹性支撑系统工作原理

综上所述,弹性支撑系统利用弹性支座设置预紧力,达到预控支撑轴力的目的,确保支撑轴力既能满足施工过程一定阶段所需的刚度,又能满足支撑轴力不会急剧增大,减少对基础产生的不利影响。弹性支撑同样也可以应用于各种对支撑轴力有严格要求的特殊环境，如地下室顶板、车站顶板、地铁区间等。

3. 恒力、弹性临时支撑卸载

临时支撑卸载过程是实现结构由混合结构体系（永久结构与临时支撑共同组成和共同作用的混合结构体系）向理论设计的永久结构体系转换的过程。卸载过程中，结构内力发生重分布，必须制定合理并具体的渐进式卸载方案，确保卸载过程顺利安全。常用的临时支撑卸载方案有支座位移卸载法和恒力支撑卸载法。

（1）支座位移卸载法，是指通过控制液压千斤顶的逐步位移，最终实现支座与支撑点脱离，卸载完成。

（2）恒力支撑卸载法，是指通过伺服施工技术，控制支撑轴力，分阶段阶梯式减小支撑力，支撑轴力为 0 时，卸载完成。

恒力支撑系统适用恒力支撑卸载法，而弹性支撑系统作为半刚性的支撑，适用支座位移卸载法。

恒力支撑卸载法通过伺服施工技术控制支撑轴力，其同步性更高，卸载过程更平缓；而支座位移卸载法，由于无法准确判断各支座点各阶段的位移值，卸载过程中，会导致局部支座轴力值突变，其同步性也因操作人员的熟练度不同而难以实现。弹性支撑采用支座位移法过程中，由于弹性支座压缩变形，提前实现了局部支撑的卸载，支撑轴力突变的情况并不会出现，轴力变化相对比较平缓。

3.4.3　工程实例

工程实例：中国博览会会展综合体项目（北块）弹性支撑系统应用。

在中国博览会会展综合体项目（北块）一标段 E1 商业中心项目中，成功应用了弹性支撑系统。

E1 商业中心正下方为地铁 2 号线徐泾东站车站区间和盾构区间，东侧跨越盾构区间，最大跨度达 83 m，西侧跨越车站区间，最大跨度达 117 m，如图 3-56 所示。

E1 钢结构施工环境非常复杂，存在多专业、多标段、不同工程综合立体交叉施工。E1 钢结构施工时，地铁 2 号线出入口改造也在同步进行。为确保地铁在施工期间安全并正常运营，现场施工采用了弹性支撑法施工，通过设置预紧力弹性支座来达到轴力预控的目的，控制施工荷载小于 20 kN/m^2，施工期间的累计沉降值小于 10 mm。弹性支撑采用单支 609 临时支撑，顶部设置碟形弹簧支座。分区二弹性支座预紧力设计值为 80 t，分区四弹性支座预紧力设计值为 100 t（见图 3-57）。

通过设置竖向弹性支撑，自下而上散装转换区域钢结构，弹性支撑荷载通过路基箱或钢梁予以扩散，控制在设计要求的荷载范围之内。首先，完成非转换区钢结构的施工；然后，利用弹性支撑系统从两边往中间节间综合安装转换区 2—6 层钢结构；再利用合拢的 6 层以下转换区结构自下而上安装上部钢结构；最后，分阶段卸载弹性支撑，完成结构自施工状态至设计状态的转换（见图 3-58）。

E1 结构施工完成后，分区卸载弹性支撑，先卸载盾构区间 80 t 弹性支撑，再卸载车站顶板区间 100 t 弹性支撑，卸载顺序为从两边往中间对称卸载。

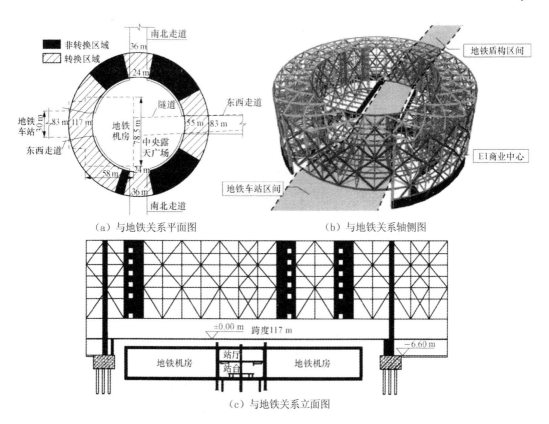

（a）与地铁关系平面图　　　　　　（b）与地铁关系轴侧图

（c）与地铁关系立面图

图 3-56　E1 商业中心与 2 号线的关系

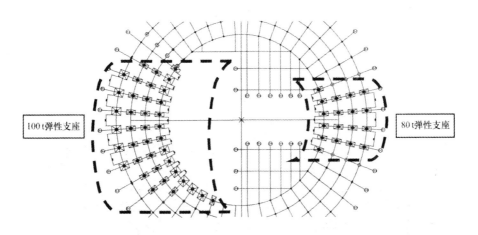

图 3-57　E1 转换区下方弹性支撑平面布置图

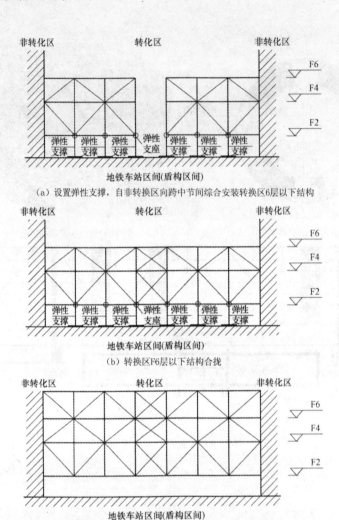

（a）设置弹性支撑，自非转换区向跨中节间综合安装转换区6层以下结构

（b）转换区F6层以下结构合拢

（c）自下而上施工F6～F8层转化区结构；结构卸载；延迟构件后装

图 3‑58　弹性支撑施工法施工示意图

图 3‑59 为弹性支撑现场实施照片。

(a)

(b)

图 3‑59　E1 弹性支撑施工现场照片

盾构区间支撑卸载顺序如下:①R、W 轴 80 t 支撑对称卸载;②S、V 轴 80 t 支撑对称卸载;③T、U 轴 80 t 支撑对称卸载。如图 3-60 所示。

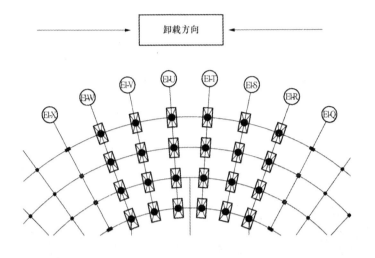

图 3-60　盾构区间卸载顺序

车站顶板区间支撑卸载顺序如下:①n、A、B、C、D 轴 100 t 支撑卸载;②p、x 轴 100 t 支撑对称卸载;③q、w 轴 100 t 支撑对称卸载;④r、v 轴 100 t 支撑对称卸载;⑤s、u 轴 100 t 支撑对称卸载。如图 3-61 所示。

支座卸载采用分阶段位移卸载法,利用支座底部砂箱,从两边往中间卸载 10 mm;再次从两边往中间卸载砂箱 10 mm;多次循环,直至所有支座与结构脱开,完成结构卸载。

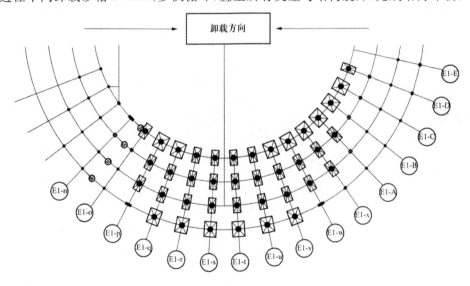

图 3-61　车站区间卸载顺序

3.5 钢结构计算机控制提升安装技术

3.5.1 概述

建筑钢结构采用整体提升安装技术在国内始于 20 世纪 70 年代。实施于 1973 年的上海万人体育馆 600 t 圆形钢网架整体提升安装工程是比较典型的国内早期代表工程,该工程整体提升安装技术获得 1978 年全国科学大会奖(见图 3-62)。

(a)   (b)

图 3-62   上海万人体育馆钢屋盖整体提升安装

从技术上看,限于当时的工业水平,早期的整体提升安装的动力主要由卷扬机提供,通过钢丝绳配合滑轮组实现;整体提升的能力(提升重量)以及同步性控制都相对较弱。与现在的技术水平相比,虽然落后,但却开创了国内大跨度建筑钢结构整体安装的先河。实际上,即便到了科技发达的 21 世纪,卷扬机整体提升技术由于其构造简单、操作方便、成本低廉等优点,在一些特定的工程条件下依然能够发挥较好的作用,比如 2008 年北京奥运会场馆——北京奥运会老山自行车馆(见图 3-63)、北京科技大学体育馆等钢屋盖工程就是采用了卷扬机组配合拔杆群进行大跨度钢屋盖的整体提升安装。

图 3-63   北京奥运会老山自行车馆钢网架屋盖

随着技术的发展,到了 20 世纪 90 年代,计算机控制、钢绞线承重、集群液压千斤顶提供动力整体提升技术取代卷扬机整体提升技术,开始在大、重型建筑钢结构的整体提升施工中得到广泛应用。1994 年完成的北京西客站主站房钢结构门楼即采用这一新兴技术完成整体的提升安装,整体提升重量 1800 t,提升高度 43 m(见图 3-64)。同年完工的上海东方明珠广播电视塔长 118 m,重 450 t 的钢桅杆也采用了这一新兴技术,整个天线钢桅杆提升高度达到 360 m(见图 3-65)。1995 年完成的北京首都国际机场四机位机库钢结构屋架(提升重量约 5400 t,提升高度 26 m)以及 1996 年完成的上海虹桥机场东方航空公司双机位机库钢网架屋盖(提升重量 3200 t,提升高度 25 m)等机库钢屋盖(见图 3-66)、上海大剧院钢屋盖(提升重量 6075 t,提升高度 26 m,见图 3-67)、上海证券大厦钢天桥(提升重量 1240 t,提升高度 105 m,见图 3-68)等工程均采用了这一新兴安装技术。

图 3-64　北京西客站主站
房钢结构门楼整体提升

(a)　　　　(b)

图 3-65　上海东方明珠广
播电视塔天线整体提升

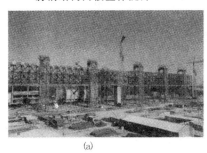

(a)

(b)

图 3-66　大型机库钢屋盖整体提升安装(左为首都机场四机位机库、右为虹桥机场双机位机库)

图 3-67　上海大剧院钢屋盖整体提升安装

图 3-68　上海证券大厦钢天桥整体提升安装

2000 年以来,随着全国各地新一轮建设的开展以及 2008 年奥运会的成功举办,整体提升技术更是在机场、车站、体育馆、会展中心等大跨度钢结构中得到广泛应用。河南南阳鸭河口电厂干煤棚网架采用了国内首创的折叠展开提升安装工艺;深圳市民中心焊接球网架钢屋盖采用了低位拼装、两次整体提升的施工工艺,提升重量为 2650 t,提升高度为 46 m;当时亚洲规模最大的机库——广州新白云机场五机位维修库钢屋盖同样采用了整体提升安装技术,提升重量为 4650 t,提升高度为 26 m;2006 年完成的国家图书馆二期钢结构整体提升工程是建筑钢结构领域整体提升重量首次突破万吨级,达到了 10 388 t;2007 年完成的重达 1 万 t、面积达 4 万 m² 的首都机场 A380 飞机维修库钢屋盖是世界上面积最大、跨度最大、重量最大的整体提升工程。

整体提升安装技术除了应用于上述钢结构整体安装外,也可应用于大跨度钢结构中的部分构件的整单元安装,如大跨度钢桁架分组整体提升、大型钢桁架单榀整体提升等。上海浦东国际机场 T2 航站楼主楼屋盖钢桁架采用分组整体提升技术(见图 3-69),上海世博中心 54 m 跨大桁架、京沪高铁上海虹桥站站屋钢桁架等均采用了单榀钢桁架整体提升安装技术。

图 3-69　上海浦东国际机场 T2 航站楼钢桁架分组整体提升

3.5.2　简介

1. 工艺原理

整体提升安装技术是指钢结构在地面或适当部位组装成整体或整个单元,采用多台提升机械提升安装至设计位置的特种安装工艺。采用该技术进行钢结构安装,可以显著减少结构安装时的高空作业,有利于质量控制、作业安全和提高施工效率。提升机械可以采用卷扬机组或液压提升设备。

随着技术的进步,目前广泛应用的整体提升安装技术是液压同步提升。该技术采用液压提升器(穿心式液压千斤顶)作为提升机具;柔性钢绞线作为承重索具,与液压提升器的锚具配合传递提升力,实现提升过程中结构件的上升(下降)和锁定。液压提升器两端的楔形锚具具有单向自锁作用,当锚具工作(紧)时,会自动锁紧钢绞线;锚具不工作(松)时,放开钢绞线,钢绞线可以上下活动。

液压同步提升工作流程如图 3-70 所示,第一个流程为液压提升器提升了一个行程。当液压提升器周期重复动作时,被提升重物则一步步向上移动。

图 3-71 示意了液压提升器工作的机理。

液压同步整体提升工艺采用液压提升器(液压千斤顶)系统为提升动力执行部件,由液压泵站提供动力,通过提升器油缸的升缩和上下锚具的交替置换,实现提升动作。电气和计算机控制系统根据各类位置和荷载传感器的信号,结合同步(异步)或荷载控制的要求,下达各类作业的指令。由计算机控制的液压千斤顶集群作业设备进行钢结构的整体提升作业,具有组合灵活、控制精细、自动化程度高等优点,并可实现特大型、超重结构、超高结构的整体同步提升。

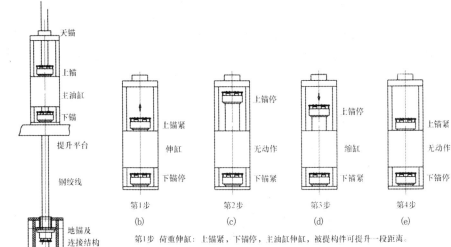

第1步　荷重伸缸:上锚紧,下锚停,主油缸伸缸,被提升构件可提升一段距离。
第2步　锚具切换:主油缸伸到底,停止伸缸,下锚紧,上锚停。
第3步　空载缩缸:上锚停,下锚紧,主油缸缩缸,被提升构件在空中停滞一段时间。
第4步　锚具切换:主油缸缩到底,停止缩缸,上锚紧,下锚停,重复第一步。

图 3－70　液压同步提升工作流程

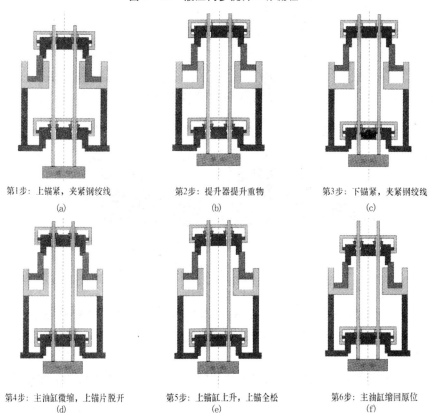

图 3－71　液压提升器工作机理

2. 整体提升系统

液压同步整体提升系统主要由液压提升系统、支承系统和控制系统三大部分组成。

(1)液压提升系统

液压提升系统主要由液压提升器(穿心式液压千斤顶)、液压泵站、承重钢绞线及锚具等组成。

液压提升器(见图 3-72)由张拉缸、顶压缸、顶压活塞及弹簧等部分组成,其特点是沿拉伸机轴心有穿心孔道,钢绞线穿入后由尾部的工具锚锚固。比较常用的液压提升器规格主要有 500 kN、800 kN、1000 kN、1500 kN、2000 kN、2500 kN、3500 kN、5000 kN 等。

液压泵站(见图 3-73)是液压整体提升系统的动力部分。随着技术的发展,液压泵站采用了一些先进技术,比如电液比例控制技术、远程实时控制技术、结构模块化设计技术、节能及安全保护技术等,有效地提高了泵站的工作性能。

图 3-72　穿心式液压千斤顶　　　　　图 3-73　液压泵站

承重钢绞线通常采用高强度低松弛预应力钢绞线。

(2)支承系统

支承系统是支托液压提升系统的支架,用以固定液压千斤顶装置。提升支架可独立设置,如图 3-74(a)所示;也可利用永久结构设置支承架,如图 3-74(b)所示。

(a)　　　　　　　　　　　　　　(b)

图 3-74　支承系统

(3)控制系统

控制系统是液压整体提升系统的大脑,分为电气控制系统和计算机控制系统。计算机控制部分通过电气控制部分驱动液压系统,并通过电气控制部分采集液压系统状态和顶推工作的数据作为控制调节的依据。

电气控制部分还要负责整个顶推系统的启动、停机、安全联锁以及供配电管理等,因此电气控制是计算机系统与液压执行系统之间的桥梁与纽带。

电气控制设计要求功能齐全、设计合理、可靠性好、安全性好,具有完善的安全联锁机制、规范可靠的安全用电措施以及紧急情况下的应急措施,同时安装、维护更为方便。

电气控制系统由总控箱、单控箱、泵站控制箱、传感器、传感检测电路、现场控制总线、供配电线路等组成。其中,总控箱有操作面板(含启动按钮、暂停按钮、停机按钮、操作方式切换、系统伸缸缩缸按钮、纠偏实时调节开关)、显示面板(含电源指示、操作方式指示、油缸全伸全缩显示、截止阀运行指示、分控箱专用指示、系统正常及系统故障偏差异常指示,并有偏差报警、故障报警等)。图 3 - 75 所示为电气控制箱。

图 3 - 75　电气控制箱

计算机控制系统的主要功能是接收电气系统反馈信号,通过实时数据处理和分析,发出指令,通过电气系统控制液压千斤顶的提升作业,并将各顶推点的位移控制在允许范围内。计算机控制系统由顺序控制系统、偏差控制系统和操作台监控子系统组成。其控制参数可根据不同构筑物的结构可以承受的不同步量来确定。计算机控制系统包括硬件和软件两个方面。整个计算机分析及控制系统的一般构成如图 3 - 76 所示。图 3 - 77 为计算机控制系统统的人机交互界面。

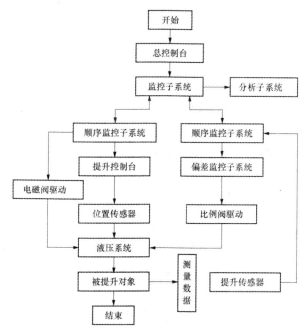

图 3 - 76　整体提升作业控制系统

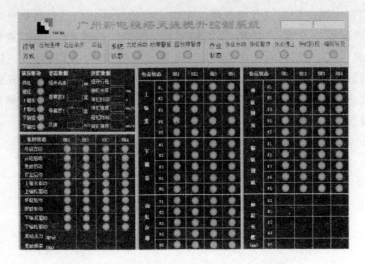

图 3-77 液压同步提升控制系统人机界面

3. 整体提升计算及支承系统设计

（1）被提升结构的验算分析

由于整体提升安装时，被提升结构的结构体系和所受荷载同结构设计时有较大的区别。为保证被提升结构在提升过程中的安全可靠，须进行施工阶段的结构验算和分析。

为了使被提升结构在被提升时的受力更加合理，减少加固和调整的范围，被提升结构在施工阶段的受力宜与最终使用状态接近，尽可能选择原有结构支承点的相应位置作为提升吊点。

被提升结构的验算分析应包括各提升点的不同步效应及支承系统分步卸载拆除阶段的效应。

提升吊点是特别重要的受力点和易发生应力集中的部位，需要验算相应节点的强度及变形。

被提升结构的提升状态和最终设计状态的体系往往是不同的，不同的连接节点的不同连接顺序对最终结构可能产生较大影响，同时对支承结构可能也会产生较大影响，因此结构体系转换应进行结构分析，选择合适的转换顺序并编制专项方案。

在提升高重心结构时，需要计算被提升结构的重心位置，验算高重心结构在整体提升过程中的抗倾覆性。

被提升结构提升点的确定、结构调整和支承连接构造，原则上需要由原结构设计单位确认。

（2）提升支承系统的验算与设计

整体提升时，宜利用原有结构的竖向支承系统作为提升支承系统或作为提升支承系统的一部分。利用原有结构的竖向支承系统作为提升支承系统时，其所受荷载及边界约束条件同结构使用状态有较大的区别。如使用状态时结构柱一般排架柱或框架柱，但结构整体提升时，柱子常为悬臂状态。为保证支承系统在提升过程中的安全可靠，进行施工阶段的结构验算和分析时结构的边界条件必须正确设定。

4. 计算机控制液压提升系统的设计

计算机控制液压提升系统的设计应符合下列规定。

（1）整体提升宜采用计算机控制液压提升系统（简称液压提升系统）。液压提升系统宜通过柔性钢绞线承重，由提升油缸、泵站、传感检测及计算机控制系统组成。

（2）提升油缸宜用穿心式油缸，内置一束钢绞线承载，由上锚具油缸、下锚具油缸和主油缸三部分组成。锚具夹片规格应与钢绞线的规格相对应。

（3）提升泵站宜用比例（变频）液压系统，通过比例（变频）控制实现多点同步控制。

（4）计算机控制系统宜用网络实现信号互联，根据被提升构件的控制要求选择传感器的种类和精度，宜配置长距离传感器和载荷传感器，实时测量各个提升点的位移和载荷信息，通过液压比例（变频）系统实现位置同步和载荷均衡控制。

钢绞线选择应符合下列规定。

①提升油缸中单根钢绞线的拉力设计值不得超过其破断拉力的 50%。

②通过检验合格的起重用钢绞线可以重复使用。

液压提升系统的提升内力设计应符合下列规定。

（1）应根据被提升结构及附属设施的重量提升吊点布置的数量和方位，以及结构分析计算的结果，确定各吊点载荷。

（2）应根据各吊点的载荷确定液压提升系统的总提升能力和各吊点提升能力。

（3）各吊点提升能力（指定吊点液压提升油缸额定载荷）应不小于对应吊点载荷标准值的 1.25 倍。

（4）总提升能力（液压提升油缸总额定载荷）应不小于总提升载荷标准值的 1.25 倍，且不大于 2 倍。

5. 整体提升实施

整体提升实施前应针对提升作业编制专项施工方案及相关应急预案。提升作业之前应对被提升结构、提升支承结构及其加固结构进行验收。在现场 10 m 高处应设置测风仪器，并根据气象预报，选择在温度、风力等各项气象指标适宜的时段进行提升。

整体提升作业应在提升结构与胎架之间的连接解除之后进行。提升加载应采用分级加载，一般按照 20%、40%、60%、70%、80%、90%、95%、100% 的荷载比例分级加载。

在加载过程中对结构进行观测，无异常情况则可继续加载。

被提升结构脱离胎架后应作空中悬停，悬停时间一般为 2～24 h。悬停期间应对整体提升支承结构和基础继续检查和检测，符合设计和规程要求后方可继续提升。

提升过程中，应有防止被提升结构晃动的措施，可在被提升结构上装导向滑轮（见图 3-78），使其顶紧于固定结构物上设置的滑道，也可采取沿一定高度侧向固定钢绞线的方法防止被提升结构的晃动。

图 3-78　防晃导向滑轮

提升过程中，应对提升通道进行继续观测。当提升通道出现障碍物时应停止提升，采取措施清除障碍物后方可继续提升。

提升过程中，应使用测量仪器对被提升结构进行高度和高差的实时监测。各提升点的载荷或高差出现异变或被提升结构的变形超出相应值时，应立即停止提升。被提升结构达到预定位置后，应按专项方案进行转换固定。

被提升结构在离地(脱离胎架)时，宜进行提升点位移、应力-应变、结构变形、载荷、基础沉降、现场风速等项目的监测。提升过程中，应对提升载荷和提升点的位移进行全过程的实时监测，对支承结构的变形、基础沉降、现场风速进行定时监测。一旦发现存在监测项目超标趋势，立即停止提升，启动应急预案。

被提升结构提升到位，形成稳定结构并固定牢固后，方可进行整体提升支承结构的拆除工作。六级以上(含六级)的大风和雨雪天不得进行整体提升支承结构的拆除工作。

3.5.3　工程实例

1. 上海虹桥国际机场东航基地(西区)配套机库钢屋盖整体提升安装

上海虹桥国际机场东航基地(西区)配套的机库钢屋盖平面呈长方形，南北向长度为148 m，东西向宽度为79 m。钢屋盖采用三层斜放四角锥焊接空心球钢网架结构，网架网格尺寸为6 m×6 m，网架总高度为6 m。机库大门处屋盖采用焊接H型钢及焊接箱形截面组成大跨度钢桁架，桁架自身高度为14 m。屋面网架最上层杆件中心线标高为30.5 m，支座球中心标高为24.5 m；大门处钢桁架最上层标高为36.000 m，两端支座处标高为22.000 m。钢屋盖支撑于三边钢筋混凝土结构柱顶，整个钢屋盖结构重1720 t。机库钢结构的整体布置如图3-79所示。

该钢屋盖采用整体提升技术安装，钢网架和大门处钢桁架分别在设计原位地面立拼成整体，最后将网架和桁架部分通过圆钢管连接成整体屋盖结构。

考虑到整体提升时临近混凝土柱边的网架杆件与柱之间冲突，部分网架杆件待整体提升到位后再补缺安装。整体提升前需对提升点处网架结构进行临时加固，以弥补网架支承点处部分杆件后装导致的结构缺失。

(1)整体提升施工流程

在施工总体程序上，分为三大阶段，即网架及桁架地面拼装、整体提升和杆件补缺。

①网架及钢桁架地面拼装

步骤一：根据屋盖钢结构最终安装位置，在相应地面设立拼装胎架。

步骤二：对运输至现场的钢构件单元进行验收、交接。

步骤三：整个屋盖钢结构在胎架上原位立拼成整体。

步骤四：网架与大门桁架连成整体。

②整体提升

步骤一：通过对原结构的受力分析合理选择整体提升吊点；根据吊点布置设置提升临时加固杆件，采用锚点提升；对结构提升过程进行工况模拟分析，得出提升点反力。

步骤二：利用提升反力验算原结构混凝土受力，设计提升塔架、提升平台。

步骤三：安装提升平台埋件，提升平台、锚点临时加固构件。

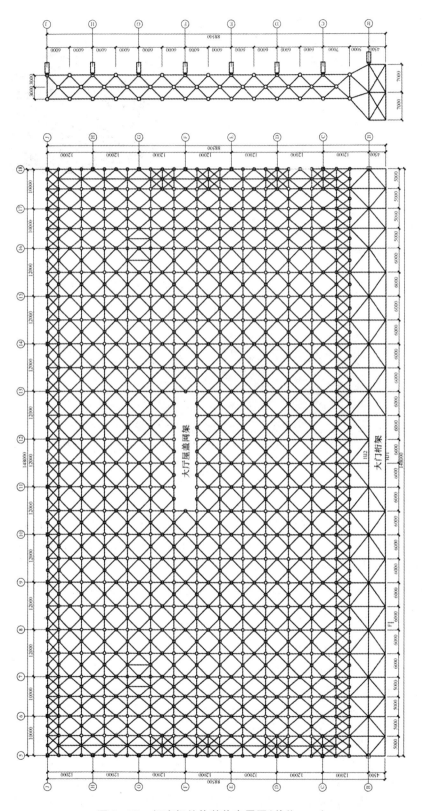

图 3－79　机库钢结构整体布置图(单位：mm)

步骤四:柱顶制作安装及球节点安装完成。

步骤五:钢网架拼装、钢桁架拼装验收,地面涂装工作完成。超应力杆件加固验收完毕。

步骤六:安装液压提升设备。

步骤七:试提升(提升脱离胎架)。

步骤八:整体提升屋盖钢结构离地面 3 m,安装大门挂架及墙架。

步骤九:整体提升钢屋盖至设计标高位置。

③杆件补缺

步骤一:根据确定的散件补缺区块划分及顺序,高空进行钢桁架、网架散件补缺。

步骤二:全部补缺完毕,进行负载转移,并逐步解除提升设备。

步骤三:高空防腐涂装修补。

(2)钢屋盖地面整体拼装

钢网架散件拼装单元为节点球和钢管件,构件单元最重为 1.3 t;钢桁架出厂分段状态下单元最大重量约 10 t。因此,考虑采用 4 台 50 t 汽车起重机完成拼装过程的吊装工作。为防止网架拼装时发生整体位移及扭转现象,在网架拼装前于拼装胎架下部的混凝土地面上准确放线。图 3-80 为网架地面整体拼装胎架布置。

(a)　　　　　　　　　　(b)

图 3-80　网架地面整体拼装胎架布置

(3)钢屋盖整体提升安装

根据钢屋盖结构特点及现场实际情况,设置 16 个提升吊点进行钢屋盖的整体提升安装。网架南、西、北三面共设置 12 个提升吊点,大门处钢桁架在桁架两端各设置 2 个提升吊点;所有的提升支架均设置在对应的钢筋混凝土立柱柱顶。

根据各提升吊点提升重量,网架周边每个提升吊点处布置一台 200 t 级液压提升器。大门桁架端部设置的提升吊点 1、2 和提升吊点 15、16 处各布置 1 台 350 t 级液压提升器。整个钢屋盖整体提升共需 12 台 200 t 级液压提升器和 4 台 350 t 级液压提升器,整体提升速度约为 6 m/h。提升吊点布置如图 3-81 所示。

提升吊点均设置在混凝土立柱柱顶,在柱顶设置预埋件,再在预埋件上焊接提升支架,用于支承提升用液压千斤顶。由于网架下弦支承于混凝土柱顶支座上,为降低提升支架高度,提升吊点设置在网架下弦,如图 3-82 所示。

钢桁架的提升锚点直接设置在桁架下弦杆上,通过焊制提升牛腿锚固钢绞线,如图 3-83所示。

钢屋盖在具备整体液压提升条件后,进行分级加载预提升。通过预提升过程中对钢屋盖结构、提升设施、提升设备系统的观察和监测,确认符合模拟工况计算和设计条件,保证提升过程的安全。待系统检测无误后,开始正式提升作业。

　　钢屋盖开始同步提升时,液压提升器伸缸压力逐渐上调,依次为所需压力的 20％、40％,在一切都正常的情况下,可继续加载到 60％、80％、90％、100％。钢屋盖整体结构即将离开胎架时暂停提升,保持提升系统压力。对液压提升设备系统、结构系统进行全面检查,在确认整体结构的稳定性及安全性绝无问题的情况下,才能继续提升。

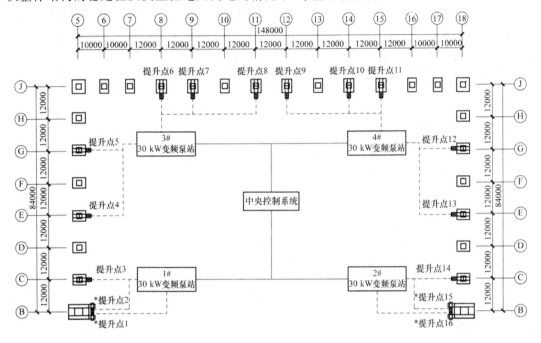

图 3 - 81　液压系统布置示意图(单位:mm)

注:提升点 1、2、15、16 处配置 350 t 提升器,其余提升点均配置 200 t 提升器

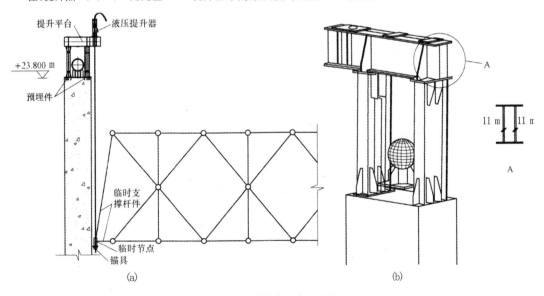

图 3 - 82　提升吊点示意图

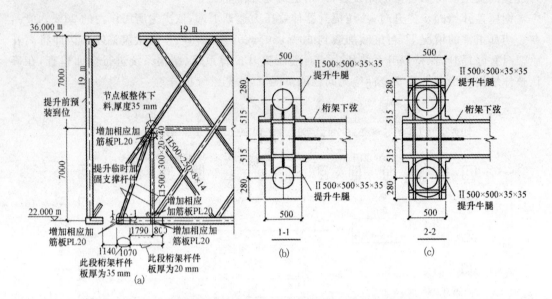

图 3-83　桁架提升临时加固杆件及提升牛腿示意图（单位：mm）

钢屋盖整体提升步骤如图 3-84 所示。

（4）钢屋盖杆件补缺

杆件补缺分为两类：一类是与提升区域构件无关的构件补缺，另一类是与提升构件相连接的杆件补缺。第一类构件主要分布在网架柱顶部正上方，且为竖向构件，包括网架支座、支座上方立杆以及其上相连的墙架、檩条等。为加快工程进度、减少提升过程中构件空中悬挂的时间，该部分构件在提升前提前安装到位，并临时固定。第二类构件待网架整体提升到位后再行安装，使结构形成可受力的整体体系。补缺构件采用汽车起重机吊装。

（5）提升设备卸载

卸载的过程就是结构安装已经完成，并由提升施工过程向最终设计状态转换的过程。卸载过程的关键是：结构由提升点受力状态向结构自承重状态转换，进行卸载前，所有点的球支座已经安装完成并固定牢固。

由于网架整体点均设置在距离结构支座非常近的点上，这些点位的最终设计挠度很小，提升卸载过程中，各提升吊点产生的下降位移量也极小，卸载以荷载控制为主，故采用以下控制措施：以卸载前的提升吊点载荷为基准值，所有吊点同时下降卸载相同的力值比例。在此过程中可能会出现荷载转移现象，即卸载速度较快的点将载荷转移到卸载速度较慢的点上，以至个别点超载。计算机控制系统监控并阻止上述情况的发生，调整各吊点卸载速度，使快的减慢、慢的加快。若某些吊点载荷超过卸载前载荷的这个比例值，则立即停止其他点卸载，而单独卸载这些点。如此往复，直至钢绞线彻底放松，被提升物载荷完全转移到立柱支座结构上，液压提升卸载作业完毕。

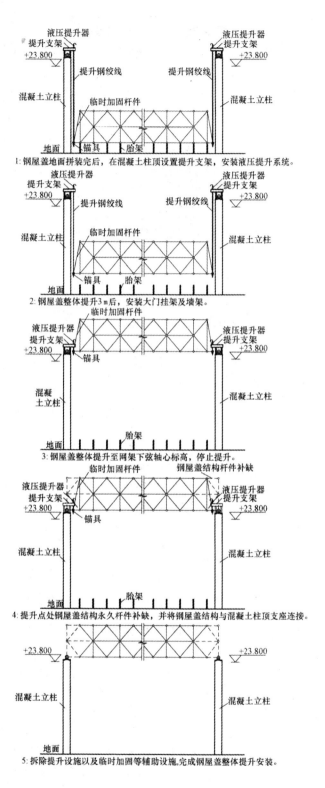

1：钢屋盖地面拼装完后，在混凝土柱顶设置提升支架，安装液压提升系统。

2：钢屋盖整体提升 3 m 后，安装大门挂架及墙架。

3：钢屋盖整体提升至网架下弦轴心标高，停止提升。

4：提升点处钢屋盖结构永久杆件补缺，并将钢屋盖结构与混凝土柱顶支座连接。

5：拆除提升设施以及临时加固等辅助设施，完成钢屋盖整体提升安装。

图 3－84　钢屋盖整体提升步骤(单位：m)

2. 河南南阳鸭河口电厂干煤棚折叠展开提升安装

河南南阳鸭河口电厂干煤棚(见图 3-85)的结构形式为正放四角锥三向圆柱面双层网壳,节点形式为螺栓球节点。网壳的平面尺寸为纵向 90 m,跨向 108 m,高 38.8 m,厚度 3.5 m,重 505 t,建造时为国内最大跨度的干煤棚(见图 3-86)。

图 3-85 河南南阳鸭河口电厂干煤棚

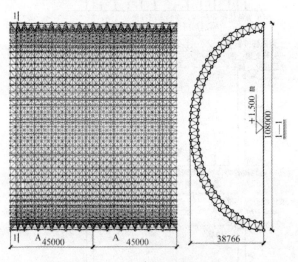

图 3-86 网壳结构平、剖面图(单位:mm)

本工程施工采用了创新的"地面安装,折叠展开提升"方法,总体思路是通过设置几道绞线并去掉一些杆件,使结构成为一个几何可变机构,从而可以折叠到地面附近。这样,结构的大部分杆件、设备安装和内外装修均可在地面完成,然后将其提升到预定高度,装上先前临时去掉的杆件,使其恢复为一个完整的结构(见图 3-87)。

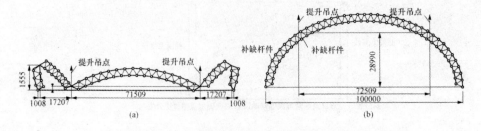

图 3-87 折叠展开提升安装方法示意图(单位:mm)

考虑到现场条件,将整个结构沿纵向分成 45 m 长的两个部分(A 区、B 区)分别提升,其中第一部分比第二部分多出一排下弦节点;每一个部分分成五个单元。先 A 区提升,再 B 区提升。

每一区的提升施工流水为:测量提升架基础轴线和标高→安装提升架→安装承重梁→安装锚固梁→安装提升千斤顶和钢绞线→敷设油管和控制电路→设备调试→提升网壳→网壳提升至离顶 1 m 时,暂停提升→在网壳支座处设置保险顶紧装置→网壳继续提升至设计位置→添加网壳杆件→提升器卸载→拆除提升装置和提升架承重梁等→转移(退场)。

提升系统由 4 个临时提升架、8 套液压提升器、4 台液压泵站,以及提升承重的钢绞线组成(见图 3 - 88)。

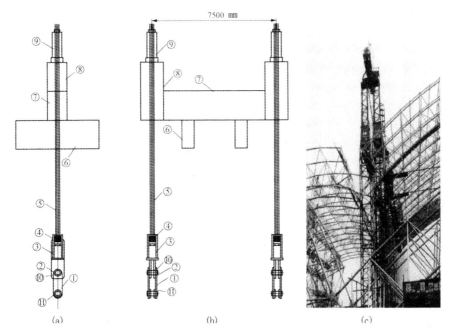

图 3 - 88　提升系统示意及实物图

①—钢板吊耳;②—钢轴;③—吊具;④—锚具;⑤—钢绞线;⑥—承重梁1;⑦—承重梁2;
⑧—锚固梁;⑨—40 t 千斤顶;⑩—垫圈1;⑪—垫圈2

图 3 - 89 所示为网壳折叠展开提升实况。

图 3 - 89　网壳折叠展开提升实况

3. 广州新电视塔天线桅杆提升安装

高耸结构顶部钢桅杆的安装高度往往超过起重机的作业范围,需要采用特种施工方法。“计算机控制、液压千斤顶整体提升安装钢桅杆”技术集成了施工阶段结构分析和优化、计算机自动控制、机电一体化等先进技术,形成了高耸结构顶部钢桅杆的长距离快速连续提升就位的施工新方法,为天线桅杆的整体安装开辟了新路。2009年广州新电视塔长100 m、重630 t的天线钢桅杆采用上述施工方法自454 m标高塔顶提升到529 m标高(天线顶端标高610 m)(见图3-90)。

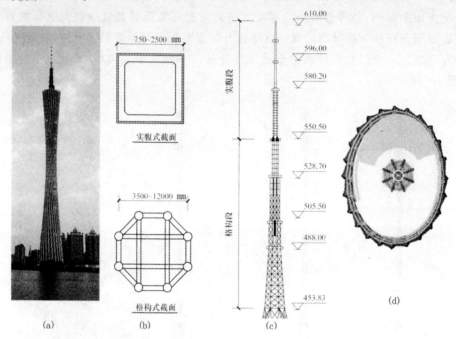

图3-90 广州新电视塔钢天线桅杆结构示意图(单位:m)

在该工程中,采用了"导轮导轨系统强制对中抗倾覆工艺"和"钢绞线承重、计算机控制液压千斤顶集群整体提升工艺"。其原理是:

导轮导轨系统强制对中抗倾覆工艺——沿钢桅杆提升时的移动轨迹,设置多组导轮导轨,提供桅杆在提升过程中可靠的水平侧向约束,以抵抗风荷载或桅杆偏心等引起的倾覆力。

钢绞线承重、计算机控制液压千斤顶集群整体提升工艺——以集束低松弛高强度钢绞线作为承载体,一端锚固于支承结构的顶端或钢桅杆的底部,另一端与液压千斤顶相接;液压千斤顶由主油缸和上下锚具组成,利用主油缸的伸缩运动配合上下锚具的交替闭合,与从中通过的钢绞线进行相对运动,从而实现桅杆结构整体上升;在提升过程中,由计算机电气系统控制提升主油缸和上下锚具的顺序动作,以及控制各组主油缸的伸缩速度或伸出长度来调整钢桅杆的垂直度或各提升点的载荷。

工程中,利用529 m标高以下的格构段桅杆作为提升阶段的承重结构,20只LSD-50型50 t级液压千斤顶设置在529 m标高的提升平台上,该天线桅杆的截面为正八边形,对称的四条边各设置3只液压千斤顶,其余对称的四条边各设2只油缸。相邻两边的5只油缸为一组,形成4个提升点(见图3-91)。计算机控制的液压千斤顶通过钢绞线将被提升的桅杆分段提升至安装位置。整个提升阶段历时3 d(包括平台安装和涂装),实现了世界最高电视塔天线桅杆的提升施工,安装质量优良,天线桅杆的垂直精度控制达到设计要求,施工安全。

图 3 - 92 所示为抗倾覆导轮导轨系统布置图。

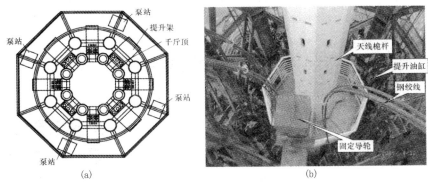

(a)

(b)

图 3 - 91　提升设备布置

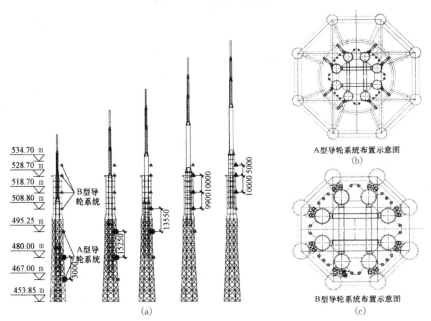

图 3 - 92　抗倾覆导轮导轨系统布置(单位:mm)

第4章 钢结构建筑装饰工程技术

本章的主要内容是讲解钢结构建筑装饰的工程技术,内容包括钢结构仿古建筑檐椽装饰施工技术,建筑钢结构超薄装饰型防腐、防火涂料应用技术,钢结构防火涂料装饰上的常温氟碳应用技术。

4.1 钢结构仿古建筑檐椽装饰施工技术

传统建筑中椽、飞、角梁等构件通常以木结构形式来表现,后来发展到以混凝土构件来体现仿古构件的艺术效果,随着当今社会的不断进步,仿古装饰也得到了飞速发展。在钢结构技术日益推广成熟的今天,出现了更多的现代钢结构框架体系的仿古建筑,如椽、飞、翼角采用钢结构外包铝单板来体现仿古特色的形式,对于发展仿古装饰艺术是一种积极的探索和尝试。

4.1.1 工程概况

某工程,建筑面积 16 000 m²,建筑高度 36.73 m,整个馆体为三层太极图阴阳鱼造型,阴阳鱼直径 60 m,馆体外围由八卦形的底座高高托起,底座直径 120 m。屋顶建筑形制外围由四个庑殿顶组成,中心部分屋顶投影平面为阴阳鱼图案,空间则由半圆攒尖顶与螺旋曲面组合而成,主体结构形式为钢结构框架。屋面构造从下至上由钢椽、45 mm 厚木望板、1.2 mm 厚聚乙烯丙纶布防水层、20 mm 厚水泥砂浆找平层及屋面瓦组成;其中角梁(指在建筑屋顶上的垂脊处,也就是屋顶的正面和侧面相交处,最下面一架斜置并伸出柱子之外的梁)采用 400 mm×250 mm×14 mm 的矩形管,椽子采用 200 mm×5 mm 的方管,材质均为 Q355B。结构设计中钢椽布置是每隔两椽设置,为达到仿古装饰"一椽一档"的效果,中间两椽及钢椽包装均采用 230 mm×230 mm×2.5 mm 的氟碳喷涂铝单板方管进行补档及装饰,以此来保证仿古屋面构造和特征的完整体现。

4.1.2 工艺原理

钢结构仿古建筑中,钢正身椽、钢角梁、钢翼角椽、椽档望板底等传统屋面构件采用优质铝合金面板为基材,经过加工成型后包装为仿古屋面构件,包装构件采用铝角码与屋面木基层固定连接,装饰效果表现为传统古建筑屋面构件的艺术风格。其中,钢正身椽间的椽档采用铝单板成型的椽补档处理方法;翼角部位的施工在对现场实体复测后,翼角椽、角梁的空间布置按实测结果进行计算机深化设计,并做 1:1 实体模型进行套样编号,依样对异型构件包装成型,使其成型后的檐椽面、线、变截面均符合仿古建筑的形制特点,以此代替木质椽飞的艺术效果。

4.1.3 技术方案的实施过程

1. 工艺流程

仿古建筑钢结构构架验收→现场复测→与专业加工厂确定钢椽装饰方案→二次深化设计→翼角部位做 1:1 实样→制作胎具→工厂加工(翼角椽编号加工)→成品验收→测量放线定位→正身椽铝单板安装→正身椽补档安装→翼角铝单板编号组装→檐口、构件接口、接缝处细部处理→封檐板密封处理→清理验收。

2. 关键技术实施

(1)钢椽装饰方案及二次深化设计

钢椽包装选用强度、耐久性好的铝单板为装饰材料,经过裁剪、折边、弯弧、焊接、打磨等工序,由工厂加工成所需的形状和尺寸,最后在构件上进行符合古建筑风格特征的氟碳面漆喷涂。在构件制作前先对现场已安装完成的钢椽构件及椽档间距进行复测,按实测结果应用计算机对钢椽之间的档距进行统筹调整、均分和排版设计,对正身椽及翼角部位等装饰椽分块编号,然后绘制铝板加工图。正身椽正面、侧面大样图见图 4-1 和图 4-2。

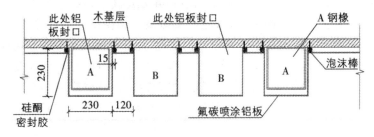

图 4-1 正身椽正面大样图(单位:mm)

注:A 代表原结构钢椽外包铝单板,B 代表填补的铝单板装饰

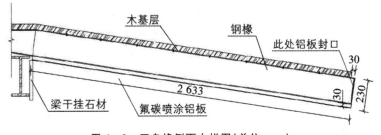

图 4-2 正身椽侧面大样图(单位:mm)

(2)钢正身椽包装固定

铝单板装饰构件制作成型后,先在椽头以椽的出挑和起翘确定钢连檐(传统仿古建筑中连檐是指固定檐椽头和飞椽头的连接横木)的位置,保证连檐的空间曲线自然、顺畅、优美,本工程由于构造要求钢连檐采用 50 mm×50 mm×5 mm 的角钢,底面与钢椽、屋架顶面焊接牢固,位置距椽头 80 mm;后用小线翻出第一根正身椽以及翼角椽的位置再进行安装。安

装时采用单个安装,先根据放线位置安正身椽,整块板通过四周铝角码采用 3.2 mm 钻尾丝及铝板固定件与钢椽上的木望板连接固定,铝角码型材统一,严格按设计间距安装;正身椽安装完毕后椽档采用宽度为 120 mm 的铝单板平板补档,并通过四周铝角码与上部木望板连接固定。铝单板包椽反折边固定节点图见图 4-3。

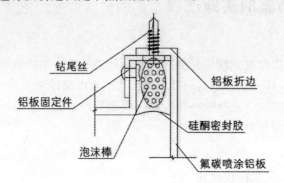

图 4-3　铝单板包椽反折边固定节点详图

（3）翼角部位的特殊控制

①传统建筑中翼角部分从立面上看是檐口的一条由飞身椽子开始,逐渐向上翘的曲线;从平面上看,又是一条向 45°斜角方向逐渐伸出的自然和缓的曲线,似展翅的鸟翼,从而形象地称之为翼角。本工程翼角部分的铝单板制作是个难点。此部分钢椽从正身椽到老角梁是每隔一椽设置,间距较大,中间用铝单板均匀填补并要反映出仿古建筑翼角的曲线,这就使铝单板装饰的断面形式为变截面矩形,所设铝单板椽头和椽尾尺寸差异较大,与此同时,椽身和椽尾的长度也在变化。为解决这些复杂的变化,此部分测尺时先在现场用三合板做 1:1 木质节点实体模型,排列出翼角椽的次序位置,椽身断面由正方形变为菱形,由椽头的菱形直接过渡成椽尾处薄厚不等的楔形,并呈散射状排列,以此确定翼角部位的空间曲线;然后按照模型的尺寸试样进行加工,以保证成型后角度及尺寸位置的准确,体现仿古翼角的曲线和造型。

②本工程有四个庑殿顶,每个庑殿顶有四个翼角,要求同一屋面的四个翼角椽断面形状、尺寸应统一,长度均按照实体模型尺寸,椽身斜形、翘曲部分应逐根加大至实际需要尺度。需要注意的是翼角处铝单板尾部与钢结构柱子连接不采用角码安装,而是对与钢柱结合处的铝单板进行反折边,然后打孔用钻尾丝上于木基层底面,反折边一方面是为了保护柱子使之安装时不变形,另一方面起角码固定作用。此处钻尾丝固定时严禁扭曲、变形、碰伤,严格控制安装精度,确保立面垂直度 2 mm,表面平整度 2 mm,接缝平直 0.5 mm。翼角钢椽外包铝单板效果图见图 4-4。

（4）构件连接接口、接缝的细部处理

①铝单板安装时,铝角码固定处留有 15 mm 的分隔缝,为保证仿古建筑檐椽的整体效果衔接自然、统一,采用泡沫棒填缝,硅酮耐候胶密封的方式进行衔接处理;正身椽、翼角铝单板包椽安装完成后,椽头雀台处与钢连檐、瓦口木连接处的 20 mm 接缝处,必须用耐候胶嵌缝予以密封,防止气体渗透和雨水渗漏。

②接缝处理除考虑立面的装饰效果外,更要考虑受热膨胀后的热伸缩量,嵌缝耐候胶注胶时应注意:第一,充分清洁板间缝隙,保证黏结面清洁,并加以干燥;第二,为调整缝的深

度,先在缝内填充聚氯乙烯发泡材料(泡沫棒)再注胶;第三,注胶后应将胶缝表面抹平,去掉多余的胶;第四,注意注胶后应养护,胶在未完全硬化前,不要沾染灰尘和划伤。

③铝单板安装完工后,从上到下逐层将铝单板表面的保护胶纸撕掉,同时逐层同步拆架,拆架时应注意保护铝单板,不要碰伤、划伤,最后完成整个铝单板包椽工程的施工。正身椽外包铝单板装饰效果见图 4-5。

图 4-4　翼角钢椽外包铝单板效果图　　图 4-5　正身椽外包铝单板装饰效果

本工程中铝单板包椽技术在保持古建筑屋顶外形不变的前提下,采用工厂化加工,经过技术分析和模拟实验,从艺术效果上采取合理的工艺流程和可靠的技术措施使构件细部做得逼真,曲线优美流畅,确保了成型后的装饰效果具有传统古建筑飞檐、翼角的韵味,满足了仿古建筑的艺术效果。其施工操作更方便,构造更安全,大大减少了施工现场的作业量,有效地降低了劳动强度。经质量验收观感评定好,分项工程达到优良,受到建设单位、监理单位和设计单位的高度评价。

4.2　建筑钢结构超薄装饰型防腐、防火涂料应用技术

钢结构作为高层建筑结构的一种形式,以其强度高、重量轻,并有良好的延性、抗震性和施工周期短等特点,在建筑业中得到广泛应用,尤其在超高层及大跨度建筑等方面显示出强大的生命力。钢结构虽然有诸多优点,但却有一个致命的缺点:耐火性差。钢材本身虽然是不可燃烧的材料,但在火灾高温下,其力学性能如屈服强度、弹性模量等却会随温度升高而降低,一般在 15 min 左右就会丧失承重能力而垮塌。国内外钢结构建筑物的火灾案例都证明,发生火灾后 20 min 以内,钢结构建筑物就会烧垮,变成一片废墟。由于钢结构耐火能力差,在火灾高温作用下很快失效倒塌,耐火极限仅 15 min,若采取措施对钢结构进行保护,使其温度升高不超过临界温度,钢结构在火灾中就能保持稳定性。对于钢结构的防火保护,无论采取何种方法都应具备以下几点:(1)安全无毒;(2)易于与钢构件结合;(3)在预期的耐火极限内可有效地保护钢结构;(4)在钢构件受火后发生变形时,防火保护材料应不会很快被破坏而仍能发挥原有的保护作用;(5)经济合理。由于钢结构防火涂料刷涂或喷涂在钢结构表面后,能起防火隔热作用,防止钢材在火灾中迅速升温而降低强度,避免钢结构失去支撑能力而导致建筑物垮塌,满足了以上 5 点要求,可以作为钢结构防火保护措施。

钢结构防火涂料按照涂层厚度分为厚涂型、薄涂型、超薄型几种。厚涂型钢结构防火涂料是指涂层厚度在 8～50 mm 的涂料，这类防火涂料的耐火极限可达 0.5～3 h。在火灾中涂层不膨胀，依靠材料的不燃性、低导热性或涂层中材料的吸热性，延缓钢材的升温，保护钢件。这类钢结构防火涂料采用合适的黏结剂，再配以无机轻质材料、增强材料。与其他类型的钢结构防火涂料相比，除了具有水溶性防火涂料的一些优点之外，由于它从基料到大多数添加剂都是无机物，因此成本低廉。该类钢结构防火涂料施工一般采用喷涂，多应用在耐火极限要求 2 h 以上的室内钢结构上。但这类产品由于涂层厚，外观装饰性相对较差。

涂层厚度在 3～7 mm 的钢结构防火涂料称为薄涂型钢结构防火涂料。该类涂料受火时能膨胀发泡，以膨胀发泡所形成的耐火隔热层延缓钢材的升温，保护钢构件。这类钢结构涂料一般是用合适的乳胶聚合物作基料，再配以阻燃剂、添加剂等组成。对这类防火涂料，要求选用的乳液聚合物必须对钢基材具有良好附着力、耐久性和耐水性。常用作这类防火涂料基料的乳液聚合物有苯乙烯改性的丙烯酸乳液、聚醋酸乙烯乳液、偏氯乙烯乳液等。对于用水性乳液作基料的防火涂料，阻燃添加剂、颜料及填料是分散到水中的，水实际上起分散载体的作用，为了使粒状的各种添加剂能更好地分散，还加入分散剂，如常用的六偏磷酸钠等。该涂料一般分为底层（隔热层）和面层（装饰层），其装饰性比厚涂型好，施工采用喷涂，一般使用在耐火极限要求不超过 2 h 的建筑钢结构上。

超薄型钢结构防火涂料是指涂层厚度不超过 3 mm 的钢结构防火涂料，这类防火涂料受火时膨胀发泡，形成致密的防火隔热层，是近几年发展起来的新品种。它可采用喷涂、刷涂或辊涂施工，一般使用在要求耐火极限 2 h 以内的建筑钢结构上。与厚涂型和薄涂型钢结构防火涂料相比，超薄型膨胀钢结构防火涂料黏度更细、涂层更薄、施工方便、装饰性更好。在满足防火要求的同时又能满足高装饰性要求，特别是对裸露的钢结构，这类涂料是目前备受用户青睐的钢结构防火涂料。

4.2.1　超薄装饰防腐、防火涂料系统

以实际工程应用为例，介绍 1 种超薄型防腐、防火涂料的特性及涂装工艺。超薄装饰型防腐、防火涂料系统施工过程比较复杂，共需涂装 5 层，分别为双组份环氧磷酸锌防腐底漆（EP - 66）1 层、膨胀型防火涂层（FM - 900）1 层、环氧中间漆（1060）1 层、聚氨基甲酸乙酯面漆（UP - 04）2 层。超薄型防火涂料涂层构造如图 4 - 6 所示。

1. 双组份环氧磷酸锌底漆（EP - 66）

该底漆具有防水、耐磨损、耐腐蚀及抵抗多种化学物质侵蚀等特点，可在除锈后作为工厂防腐底漆涂刷。1 道标准厚度漆膜在 30℃时，表干时间为 1 h，实干时间为 5 d，每道底漆之间覆涂最小间隔时间为 8 h，每道漆膜平均厚度为 45～100 μm。

2. 膨胀型防火涂层（FM - 900）

作为膨胀型防火系统的一个重要组成部分，该涂层可以保证结构用钢 2 h 的耐火性能。1 道涂膜（标准厚度）在 30℃时，表干时间为 0.5 h，硬化时间为 4 h，实干时间为 7 d，每道涂层之间覆涂最小间隔时间分别为 4 h（机械喷涂），1 h（手工刷涂或辊涂）及 24 h（如果覆涂不同类型涂料）。每道涂膜最大厚度为 1 000 μm（湿膜）和 700 μm（干膜）。

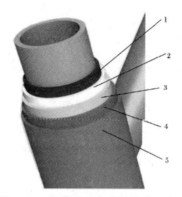

图 4-6　超薄型防火涂料构造示意

1—EP-66 防腐底漆;2—FM-900 防火涂层;

3—1060 环氧中间漆;4—UP-04 第一层面漆;5—UP-04 第二层面漆

3. 双组份中间漆(1060)

双组份中间漆,颜色为灰色或褐色。漆膜较硬,与无机富锌底漆有良好的黏结性,可以填补富锌底漆表面孔眼,防止空鼓;良好的隔离性,以及防物理破坏的能力;良好的抗油、抗溶剂、抗化学腐蚀性能。中间漆的主要作用是用于避免防火层由于气候、环境等影响而发生变质、失效或降效等。中间漆 1 道涂膜(标准厚度)在 25℃时,表干时间 0.5 h,硬化时间 6 h,实干时间 7 d,覆涂最小间隔时间 8 h。每道涂膜适宜厚度 100~250 μm(湿膜)和30~75 μm(干膜)。

4. 第 1 遍双组份聚氨基甲酸乙酯面漆(UP-04)

该面漆颜色鲜艳、有光泽,具有良好的抗污染性、耐磨性及抗化学腐蚀性特点,可广泛用于水泥质基底、木基底和金属基底(铁质或非铁质)的表面。面漆的主要作用是装饰及保护。本工程中面漆涂刷 2 遍,第 1 遍是为了将环氧树脂中间漆与面漆良好地结合。30℃时,根据漆膜厚度及环境通风条件不同,表面干燥时间为 0.5~1 h 不等;温度升高则加速干燥速度,缩短干燥时间。每层面漆覆涂间隔时间至少为 12 h,最长不超过 15 d。如果覆涂在完全干燥的 UP-04 面漆上,必须先将表面用砂纸打毛,以得到与上一层面漆较好的黏结性。漆膜厚度为 50~90 μm(湿膜)和 30~50 μm(干膜)。

5. 第 2 遍双组份聚氨基甲酸乙酯面漆(UP-04)

其性能同第 1 遍面漆。第 2 遍的目的主要是达到理想的装饰效果。

4.2.2　涂装工艺及质量控制

1. 钢构件表面预处理

喷涂前应确认钢构件表面的清洁度达到要求,不能有泥土、油污、油脂、混凝土等杂物;底漆及补漆全部验收通过,不能露底、锈蚀;高强螺栓验收通过,连接部位底漆补刷完毕并验收通过;焊缝探伤验收通过,底漆补刷完毕并验收通过。

2. 环境条件

底材表面应干燥清洁,表面温度应高于露点温度以上 3℃;除另有规定外,涂料施工温度为 5～30℃,相对湿度小于 85%。

3. 喷涂

(1)喷涂过程中应严格按照图纸要求,按不同类型、不同厚度、不同喷涂遍数等要求进行喷涂,雨天不得施工。

(2)防火层 FM-900 涂装时,施工人员应经常检查湿漆膜的厚度。每道湿漆膜厚度应控制在 1 000 μm 以内,避免由于漆膜过厚,在干燥时出现裂缝的现象。

(3)防火层 FM-900 涂装完毕后 3～5 d,可在其上覆盖环氧中间漆涂层;干涂膜的厚度会在 3 d 内形成。

(4)如果在较高环境温度下涂装,每道防火涂层厚度不能超过 500 μm,避免涂膜表面在未完全干燥之前形成漆膜。

4.2.3 质量检查及验收

超薄型防火涂料喷涂层数为 5 层,按照要求需要每层分别验收,验收分为每层涂膜厚度验收及黏结力试验。

1. 漆膜厚度检查

每层漆膜喷涂完毕之后,根据厂家技术文件,间隔一定的干燥时间,测量其漆膜厚度,以确保每层漆膜的厚度及总厚度均满足要求(见图 4-7 和图 4-8)。

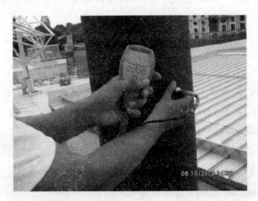

图 4-7 底漆(EP-66)漆膜厚度检查

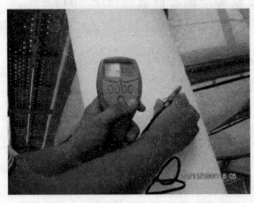

图 4-8 防火层(FM-900)厚度检查

2. 黏结力试验

防火层 FM-900 的黏结力试验,按照美国材料试验协会 ASTM D3359-17 中的要求进行,即用小刀等一些薄型锋利的工具在漆膜表面垂直划出"X"形切口(每条切口长约 40 mm,交叉角度约为 30~45°),深度至钢结构基面,切口部位用 25 mm × 75 mm 的透明胶带粘贴牢固后撕下,观察被透明胶带粘下的涂料数量及分布,确定黏结力是否符合要求。1060 环氧中间漆喷涂之前,监理选取需要做划格试验的部位,并将其进行保护,其他部位可以进行环氧中间漆的喷涂。一般在防火层施工完毕 7 d 之后,待确定防火涂层完全干透后,即可进行黏结力试验(见图 4-9)。

图 4-9 防火层(FM-900)黏结力试验

4.2.4 工程应用效果

这种涂层总厚度不超过 3 mm 的超薄型防腐、防火涂料,受热时膨胀发泡,形成致密的防火隔热层,是近几年发展起来的新品种。它可采用喷涂、刷涂或辊涂施工,一般使用在要求耐火极限 2 h 以内的建筑钢结构上。

选用 FM-900 防火系统,根据钢材的材质、类型、每米重量等参数计算出最大防火时间,满足设计耐火极限要求。另外,涂装外观光滑、平整、有光泽,面漆颜色美观,满足了装饰性的要求(见图 4-10)。

图 4-10 双组份聚氨基甲酸乙酯面漆喷涂效果(UP-04)

4.3 钢结构防火涂料装饰上的常温氟碳应用技术

4.3.1 防火钢结构外部装修施工工艺和存在的问题

随着我国建筑业的高速发展以及国家对循环经济的大力倡导,钢结构以其总体重量轻、制造和安装机械化程度高、平面布局上灵活性大、可再生与循环利用的特点,在民用与公共建筑中得到越来越多的应用。尽管钢结构有上述诸多优点,但钢材耐火性差的致命缺陷是不可回避的事实,成为阻碍其推广与应用的难题。

根据对钢结构的高温物理特性的分析,我们发现:钢材强度随温度升高而降低,在350℃时开始下降,温度600℃时强度降低约7%,同时,钢结构的屈服强度和极限强度显著降低,应变急速加大,将迅速导致钢结构发生塑性变形而被破坏。钢材在常温下的导热系数为58 W/(m·K),约为混凝土的38倍,钢材导热系数大也是造成钢结构在火灾条件下极易被破坏的主要原因。有资料证明,在一些火灾中,从钢结构扭曲变形到建筑物部分或全部塌陷破坏,这一过程仅需20 min左右,建筑物内的人员和财产根本来不及进行有序的疏散和搬移。

为了克服钢结构这一物理缺陷,我们必须采用防火涂料对其进行保护,然而,防火涂料的质感很难达到现代人对于建筑内部或外部装修的审美要求,为了达到美学上的效果,必须对钢结构防火涂料面层进行装饰。目前在我国的建筑设计和施工领域中,对于钢结构防火涂料面层的精装修普遍采用的选择是通过安装龙骨外挂各种形式的幕墙。该施工工艺虽然相对成熟,但也有其不可逾越的技术障碍和经济瓶颈。首先,采用先安装龙骨,再喷涂防火涂料的施工方式不可避免地造成热桥的形成,龙骨和幕墙挂件不可能被防火涂料完全包裹起来;采用先在钢结构上喷涂防火涂料,再安装龙骨的施工方式,又会破坏防火涂料,直接在龙骨与钢结构连接处出现热桥。上述两种方法都会降低防火效果。其次,安装龙骨和幕墙后,梁和柱的表面积会显著加大,造成"粗梁胖柱",既不利于空间的有效利用,也不利于展现钢结构轻巧的建筑结构特征。再次,增加了结构负担,存在因自重、风压等因素造成幕墙坠落伤人毁物的危险。最后,龙骨和幕墙的使用将大大提高装饰工程的造价,不利于建造成本的控制。

图4-11所示为目前对于钢结构防火涂料面层精装修的普遍做法,安装龙骨后外挂铝板幕墙的实景照片。除了上文分析的各种缺陷,从图片中可以看到该做法还存在铝板缝隙打胶影响美观和胶缝老化开裂的问题。

图4-11 钢结构安装龙骨外挂铝板幕墙实景照片

4.3.2 氟碳涂料在钢结构中的应用现状

氟碳涂料因其树脂分子内包含大量高键能 G—F 键,决定了其在很多苛酷的环境中都具有超强的稳定性,包括耐候性、耐溶剂与酸碱腐蚀性、耐冲击、耐磨性好、自洁性强等优点,在自然环境中使用寿命长达 20 年,为普通涂料的 4~5 倍,被誉为"涂料之王"。但是,氟碳涂料自 20 世纪 30 年代由美国杜邦公司发明以来,其涂膜都需要在至少 230℃以上的高温下烧结才能形成。这使得传统的氟碳涂料只能应用在拥有固定的加工场所、大型烘烤设备的耐高温外墙装饰材料如铝幕墙板、铝型材等生产领域。直到 20 世纪 80 年代,日本旭硝子公司开发出了可以在常温下将涂膜固化的氟烯烃-乙烯基醚共聚物(FEVE)树脂,才使得氟碳涂料的应用领域再次得到拓展,使得在无法进入烘箱的大型现场加工钢结构表面上使用氟碳涂料装饰成为可能。

随着我国对于常温喷涂氟碳涂料的引进和相关产品的产业化,设计上无防火要求的钢结构表面经必要的防腐防锈处理后,进行氟碳喷涂,以达到高温氟碳喷涂铝板幕墙装饰效果的施工工艺已经逐步在国内工程领域得到推广。但是在设计中有防火要求的钢结构表面装饰领域,因为存在防火涂料与常温氟碳涂料不相融合的客观事实,进行常温氟碳喷涂后会造成装饰面层成片剥落的严重质量问题。因此,在本工程进行前,通过广泛的调研我们发现,对于覆盖有防火涂料的钢结构表面装饰,还只能采用外挂幕墙的传统方法。

4.3.3 常温氟碳喷涂在钢结构防火涂料应用上的新方法

1. 工程项目设计要求

银泰-航华地下通道工程位于北京商务中心区(CBD)核心地带,是由北京商务中心区管理委员会投资建设的大型市政公用设施。通道连接航华大厦前广场与银泰中心地下集散厅。该通道 2 号出入口位于国贸桥公交场站内,3 号出入口位于航华大厦绿地内,设计要求以上两个出入口均采用外露异型钢结构配超白钢化夹胶玻璃幕墙的建筑形式。其中,工程钢结构要求采用 Q355B 级钢材,截面为特殊(非 90°夹角)的四边形厚壁钢柱和钢梁;工程钢结构防火等级为二级,所有钢结构构件均采用薄涂型防火涂料刷面;工程钢结构装饰面层为常温氟碳金属漆喷涂。

2. 施工方式和工艺流程

为了达到设计要求的防火效果和装饰效果,设计、施工、监理和业主驻场代表与相关建筑科研单位合作,经过理论分析和多次现场实验,不断调整施工方案,最终总结出了常温氟碳喷涂在钢结构防火涂料上的应用方法,具体工艺流程和注意事项如下。

(1)钢结构完成调直:通常情况下,钢结构的构件采用成品型钢,焊接前进行必要的调直即可。本工程因设计的四边形厚壁钢柱和钢梁几何形状特殊、钢材型号特殊,国内没有成品供应,故采用在构件加工厂内以图纸要求的 Q355B 钢板为原材料,按照设计的特殊几何形状使用自动焊机将梁与柱焊接成型、进行必要的调直后再由数控铣床进行构件外观后处理、再进行厂内和现场拼料焊接的方式进行构件生产。

(2)除油与除锈处理:用溶剂将钢结构表面的油污清理干净,先用电动砂轮,再用 220 目的砂纸将钢结构表面的氧化层彻底打磨掉。特别注意阴角处的锈迹一定要打磨干净,以露出钢材的金属色泽为准。打磨后用高压空气或棉丝将浮尘和砂粒彻底清除,保证环氧富锌底漆牢固地黏附于钢结构表面。

(3)外观处理:对构件表面影响观感的焊瘤部分使用电动砂轮打磨平整,保证构件表面的视觉效果。

(4)防锈与防腐处理:使用刷涂或喷涂的方式,涂刷环氧富锌底漆两道、环氧云铁中间漆一道,施工时注意漆膜要涂刷均匀,不要出现漏喷或漏刷的现象。采用刷涂的方式时,特别要注意的是不要产生漆的流坠现象。防锈防腐涂料按需求配制,避免配制后长时间不用产生沉淀与固化。遇到风、雨、超过使用条件的低温等特殊气候条件,要坚决暂停施工以确保基层施工质量。在前一道涂料未干透前严禁进行后续工艺的施工。

(5)钢结构防火处理:采用薄型防火涂料均匀涂刷,保持完工面基本平整,不得漏刷。特别应注意涂刷厚度要满足防火规范的标准要求。

(6)高强度原子灰隔离层:经过大量实验证明,与氟碳涂料配套使用的氟碳涂料专用腻子强度较低,耐冲击性差,不能满足覆盖在薄型防火涂料基层上的强度要求。经严格筛选,最终确定使用高强度原子灰作为薄型防火涂料与氟碳涂料之间的隔离层。该隔离层的使用有以下三重意义:①作为找平基层,弥合薄型防火涂料施工过程中不可避免的凹凸不平现象,保证装饰基层的平整度,完善氟碳涂料面层装饰效果;②作为稳定的中间层,隔离薄型防火涂料与氟碳涂料之间的直接接触,避免发生导致装饰面层脱落的化学反应;③作为高强度的装饰基层,承受市政公用设施使用中不可避免的一些外力碰撞,保证装饰效果。施工要在薄型防火涂料干透的情况下方可进行,禁止雨天施工,施工过程中严禁破坏薄型防火涂料基层,若防火涂料基层有破损,应及时修补,干透后方可继续施工。高强度原子灰隔离层干透后要求用360目砂纸进行精细打磨并除去表面灰尘、颗粒等污染物,要求表面光滑、平整、无蜂窝状、无批刮印痕及细小浮尘。其验收标准按照装饰工程要求执行。

(7)氟碳底漆施工:氟碳底漆主要是起到抗碱及增加高强度原子灰基层与氟碳面漆装饰层结合力的作用。要在高强度原子灰隔离层完全干燥后方可施工,以免出现完工后面层起泡、剥落的质量缺陷。氟碳底漆施工使用专用双组分产品,其附着力强,耐碱性强。底漆按照说明书比例混合后要求在4 h内用完。否则混合料会变质,影响封闭效果及附着强度。底漆要求喷涂两遍。注意阴阳角处不要漏喷。施工时注意漆膜要均匀,不要出现流挂等现象。第二遍要在第一遍完全干燥后才能进行。

(8)氟碳面漆施工:由于氟碳涂料的涂膜致密,透气性差,底漆未干透或打磨后的浮尘没有清理干净很容易影响涂膜性能,造成不良后果。底漆经充分干燥(至少12 h)后,使用360目细砂纸精细打磨。打磨时力道不能过重,以免将底漆涂膜磨透,但必须保证打磨平滑,避免出现面漆喷涂后的漆膜发花现象。打磨后务必使用抹布擦拭除尘,不能使用喷枪除尘。因为若除尘不彻底,漆面将出现细小颗粒。以上工作完成后,将氟碳面漆、面漆固化剂、面漆稀释剂按照说明书规定比例配比后按规定静置熟化,配多少,用多少,配比后必须在5 h内用完,以避免超过活化期造成材料浪费。严禁使用熟化程度不同、批号不同的氟碳面漆进行施工。调配后的氟碳漆必须采用200目纱网进行过滤,在放置过程中应不断搅拌,以免沉淀;使用喷嘴尺寸为1.5~2.0 mm,气泵压力为0.3~0.5 MPa将配合、熟化完成的氟碳面漆均匀喷涂两遍。随时注意喷涂的感官效果,施工温度在 10～35℃,湿度在 80％以下。阴雨天及刮风、扬尘天气严禁施工。第一遍施工完成,待完全干燥后,进行精细打磨,去除流坠等缺陷,再一次性完成第二遍施工。第二遍施工必须连续完成,以避免出现色差等感官缺陷。验收要求金属闪光粉分布均匀,密度与样板相当,无流坠现象,无明暗不均及发花现象,光泽均匀,手感细腻,涂膜上没有颗粒。注意说明书上常温完全固化的时间,切记不要提前使用。验收后注意成品保护,避免与其他部位交叉施工造成的损害。

3. 质量检验和工程现状

本工艺成品经过高低温测试,未出现起泡、开裂等现象,装饰效果良好;同时达到设计中的钢结构防火要求,现场使用喷灯对实验构件进行烘烤后,薄型防火涂料正常膨胀并形成蜂窝状保护层,表面氟碳涂层在外侧受热和内侧膨胀受拉的双重作用下被完全破坏,实验证明常温氟碳喷涂在钢结构防火涂料装饰上的应用并未对防火涂料的保护效果产生影响。本工程于 2009 年 10 月交付使用,使用情况良好(见图 4－12、4－13、4－14)。

图 4－12　银泰－航华地下通道工程 2 号出入口外部实景照片

图 4－13　银泰－航华地下通道工程 3 号出入口外部实景照片

图4-14 银泰一航华地下通道工程内部节点照片

4.3.3 技术优点及造价分析

常温氟碳喷涂在钢结构防火涂料上的成功应用为钢结构建筑防火和表面装饰提供了一个新的思路。除了可以弥补前文中已剖析的现阶段工程设计与施工中广泛应用的外挂幕墙装饰方式中不可避免的功能性欠缺,有效阻断热桥形成,增强钢结构工程的防火性能,有效地利用空间,凸显出钢结构优美、修长的建筑线条,有效减轻结构负担,避免幕墙坠落风险以外,还将在保证装饰效果的前提下显著降低装饰工程造价,有效控制建造成本。

我们来做一个简单的造价分析:将在钢结构防火涂料上喷涂氟碳涂料与钢结构表面焊接龙骨后外挂氟碳喷涂铝板两种装饰方法进行比较,就外观而言,两者装饰效果完全一致,但后者的建造成本将达到前者的三倍。

由本工程的实践及以上分析我们可以看到,常温氟碳喷涂在钢结构防火涂料上的应用是一项值得推广的、技术先进且经济合理的新型应用技术。

第 5 章　钢结构工程的质量管理

本章的主要内容是讲解钢结构工程的质量管理,内容包括质量管理的概述、钢材的质量控制、钢结构的深化设计、钢结构的加工制作、钢结构的安装。

5.1　质量管理的概述

5.1.1　影响工程质量的因素

钢结构工程的质量管理是一个复杂的系统工程,影响工程质量的因素有很多,主要包括以下五个方面:第一是人员的因素,不仅指具体的操作工人,如焊工、起重工等人员的工艺水平,更重要的是工程参建各方管理人员的管理能力和资质水平;第二是材料的因素,钢材的质量无疑对工程质量有决定性的影响,还包括焊接材料、高强度螺栓等;第三是机械设备的因素,先进的设备无疑能够有效地保证工程质量;第四是施工的方法和工艺,包括施工组织设计、施工方案,如钢结构的加工方案、安装方案等,以及新技术、新工艺等,这是影响钢结构工程质量的技术因素;第五是环境因素,如现场天气因素、市场供需状况等。

5.1.2　质量管理的方法

质量管理的方法即建立质量管理的体系,进行全面的质量管理。工程参建各方都应建立专门的质量管理机构,配备质量管理人员,建立管理制度,对工程质量进行全面的管理。目前国内实施工程项目监理制,建设单位要充分发挥监理对工程质量的管理,调动监理的积极性。工程监理作为业主的代理,在工程质量管理中起着主导作用,并直接承担着质量管理的责任。如何充分发挥监理在工程管理中的作用,把监理充分推向质量管理的第一线,是业主需要重点考虑的问题。业主自身的力量再强,也无法替代监理。保证监理的管理水平,应注重以下三点。一是在监理取费上,不宜过低。我们国家目前监理取费普遍比较低,若再低的话监理的水平定然无法保证。二是要注意减少对监理工作的干涉,注意维护监理的权威。三是业主要加强对监理工作的监督和管理,尤其在一些关键点上,必须进行监督检查。

5.1.3　质量管理的目标

质量目标是国家现行的有关法律、法规、技术标准、设计文件及工程合同中对工程的安全、使用、经济、美观等特性的综合性要求,其中设计文件是最主要的质量标准文件。钢结构工程的验收规范是《钢结构工程施工质量验收标准》(GB 50205—2020)。

5.1.4　质量管理的程序

目前工程监理制下,工程质量的管理流程如图 5-1 所示。

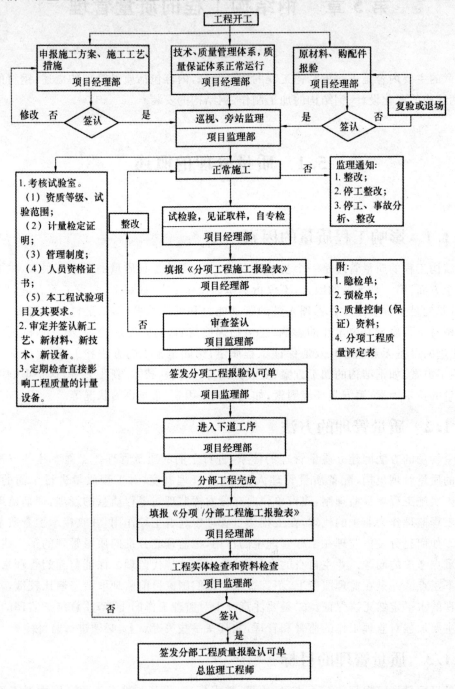

图 5-1　工程质量管理流程图

按照《建筑工程施工质量验收统一标准》(GB 50300－2013)第 4.0.1 条规定:建筑工程施工质量验收应划分为单位工程、分部工程、分项工程和检验批。其中:单位工程是指具备独立施工条件并能形成独立使用功能的建筑物或构筑物。对于建筑规模较大的单位工程,可将其能形成独立使用功能的部分划分为子单位工程;分部工程的划分应按其专业性质、工程部位确定,当分部工程较大或较复杂时,可按材料种类、施工特点、施工程序、专业系统及类别等划分为若干了分部工程;分项工程应按主要工种、材料、施工工艺、设备类别进行划分。分项工程可由一个或若干个检验批组成;检验批是最小的验收单位,可根据施工及质量控制、专业验收需要,按楼层、施工段、变形缝等进行划分。

对于结构工程来说,其分类见表 5－1,钢结构是子分部工程。

表 5－1   结构工程分部分项工程的划分

分部工程	子分部工程	分项工程
主体结构	混凝土结构	模板、钢筋、混凝土、预应力、现浇结构、装配式结构
	钢管混凝土结构	构件现场拼装,构件安装,钢管焊接,构件连接,钢管内钢筋骨架,混凝土
	砌体结构	砖砌体,混凝土小型空心砌块砌体,石砌体,填充墙砌体配筋砌体
	钢结构	钢结构焊接,紧固件连接,钢零部件加工,单层钢结构安装,多层及高层钢结构安装,钢构件组装及拼装,钢管结构安装,预应力钢索和膜结构,压型金属板,防腐涂料涂装,防火涂料涂装
	木结构	方木和原木结构,胶合木结构,轻型木结构,木构件的防护
	型钢混凝土结构	型钢焊接,紧固件连接,型钢与钢筋连接,型钢构件组装及预拼装,型钢安装,模板,混凝土
	铝合金	铝合金焊接,紧固件连接,铝合金零部件加工,铝合金构件组装,铝合金构件预拼装,铝合金框架,结构安装,铝合金空间网格结构安装,铝合金面板,铝合金幕墙结构安装,防腐处理

钢结构分项工程的检验批划分可按下述原则进行:①单层钢结构可按变形缝划分检验批;②多层及高层钢结构可按楼层或施工段划分检验批;③钢结构制作可根据制造厂(车间)的生产能力按工期段划分检验批;④钢结构安装可按安装形成的空间刚度单元划分检验批;⑤材料进场验收可根据工程规模及进料实际情况合并成一个检验批或分解成若干个检验批;⑥压型金属板工程可按楼面、墙面、屋面划分;⑦其他各方共同商定的划分方式。检验批不仅是最小的验收单位,同时也是最基本、最重要的验收工作内容,其他分项工程、分部工程及单位工程的验收都是基于检验批验收合格进行。

钢结构工程的验收应在施工单位自检的基础上,按照检验批、分项工程、分部(子分部)工程进行。对于建设单位来说,对工程的验收要参加到哪个层次,应加以慎重考虑。单位工程或子单位工程的验收,建设单位肯定是要参加并签字的,检验批的验收由于工作量巨大,责任也较重,建设单位肯定是不参加的。对于分项工程或分部工程,建设单位应根据自身的特点,酌情考虑是否参加。参加的话,固然可以加强对质量的监督,但也意味着巨大的工作量和责任,应慎重加以考虑。若不参加的话,可以委托监理单位来进行。在执行过程中,业主可以进行抽查,尤其对一些重点部位和重点的分项和分部工程加强监督检查,以确保对工程质量的控制。

从图 5-1 可以看出,保证工程质量最重要的环节是:方案先行,样板引路。设计文件、规范、标准以及样板都明确了"干成什么样"的问题,而施工方案则明确了"要达成目标,该怎么干"的问题。监理进场后要编制监理规划、监理实施细则和旁站方案等;施工单位进场后需编制施工组织设计,以及各项专项施工方案,各项施工方案必须报监理批准后才能进行实施,有些专项方案还需按照有关的要求进行专家论证。技术方案是保证工程质量最重要的手段。

5.1.5　质量验收的文件

工程质量的验收过程中,必须形成质量验收记录,质量验收记录应按照相关的规范和标准来形成,相关的标准和规范包括:《建筑工程施工质量验收统一标准》(GB 50300—2013)、《建筑工程文件归档规范》(GB/T 50328—2014)以及各地方相应的规程。

质量验收资料的形成是一项非常重要的任务,需要长期细致而耐心地工作。项目管理者一定要非常重视,从项目的开始就应该建立档案管理部门,建立工程档案的管理制度,对工程资料进行收集整理,形成系统而完整的工程验收资料。这项工作的关键是在工程实施过程中要不断地收集和汇总。许多工程常犯的一个错误就是工程实施过程中不重视资料的收集整理工作,当工程验收时再集中收集汇总,这样不仅工作量很大,而且许多第一手的资料已经无法获取,从而导致十分被动的情况。

5.2　钢材的质量控制

钢材的质量控制是钢结构工程质量控制的根本,关键要抓住钢材订货的技术指标和钢材的复验两个环节。

5.2.1　钢材订货的技术指标

钢材的性能分为力学性能和工艺性能两个方面,前者要满足结构的功能(强度、刚度、疲劳等),后者则须符合加工过程的要求(韧性、冷弯性能和可焊性等)。表 5-2 所列是钢材订货的主要技术指标。

钢材订货的技术指标是在钢结构施工图的基础上编制完成的,在钢结构深化设计完成后,就可以编制成非常详细的技术指标,然后根据详细的技术指标来组织订货。

表 5 - 2　钢材订货的主要技术指标

序号	技术指标	说 明
1	强度	强度是钢材最基本的性能指标,常用的钢材强度包括 Q235、Q355、Q390 等
2	Z 向性能	对于建筑用钢板,厚度达到 15～150 mm,会要求钢板的 Z 向性能,即钢板沿厚度方向的抗层状撕裂性能,采用厚度方向拉力试验时的断面收缩率来评定
3	定尺要求	指确定钢板的交货尺寸。必须在钢结构深化设计完成后,对加工构件所需的钢板进行排版,以实现对钢板的最优利用,减少下料时的废弃率
4	质量等级	普通碳素结构钢的质量等级总体可分为 A、B、C、D 四级。对于低合金高强度结构钢,则总体上分为 B、C、D、E、F 五级
5	韧性	钢材的韧性是指在荷载作用下钢材吸收机械能的能力和抵抗断裂的能力,反映钢材在动力荷载下的性能
6	可焊性	可焊性指钢材对焊接工艺的适应能力。碳元素是影响可焊性的首要元素。含碳量超过某--数值的钢材甚至是不可能施焊的。用碳含量来衡量钢材的可焊性
7	冷弯性能	冷弯性能反映钢材经一定角度冷弯后抵抗裂纹产生的能力,是钢材塑性能力及冶金质量的综合性指标
8	交货状态	交货状态包括热轧、控轧(温度—形变控制轧制)、正火或淬火加回火的状态等。应根据工程的需要来确定
9	化学成分	指钢结构所含的各种微量合金元素,如 C、Mn、Si、P、S、N 等元素的含量
10	伸长率	是表示钢材塑性的重要指标,通过标准试件的拉伸试验来测定。伸长率越高,钢材的塑性就越好
11	屈强比	指钢材的屈服强度和极限强度的比值。屈强比愈低,钢材的安全储备愈大
12	适用标准	是采用国内标准还是国外标准,并标明具体的标准

5.2.2　钢材的复验

钢材出厂之前,已经通过了检验,并带有质量证明书。为了充分保证钢材的质量,钢材到了加工厂,在加工之前,应进行复验。《钢结构工程施工质量验收标准》(GB 50205－2020)第 4.2.2 款也明确要求,对属于下列情况之一的钢材,应进行抽样复验,其复验结果应符合现行国家产品标准和设计要求。

①对结构安全为一级的重要建筑使用的钢材,应进行复验。

②对大跨度钢结构来说,弦杆或梁用钢板为主要受力构件,应进行复验。

③厚钢板存在各向异性(X、Y、Z 三个方向的屈服点、抗拉强度、伸长率、冷弯、冲击值等各指标,以 Z 向试验最差,尤其是塑性和冲击功值),因此,当板厚大于或等于 40 mm,且承受沿板厚方向拉力时,应进行复验。

④对强度等级大于或等于 420 MPa 的高强度钢材,应进行复验。

⑤对国外进口的钢材,应进行抽样复验;当具有国家进出口质量检验部门的复验商检报告时,可以不再进行复验。由于钢材经过转运、调剂等方式供应到用户后容易产生混炉号,而钢材是按炉号和批号发材质合格证,因此对于混批的钢材应进行复验。

⑥当设计提出对钢材复验的要求时,应进行复验。

且复验应由国家认可的具备检测资质的试验室来进行,不能由加工厂自行检验,除非加工厂的试验室也具备相应资质。复验应注意以下几方面的内容。

(1)检验批的确定:钢材应成批验收,每批由同一牌号、同一炉罐号、同一质量等级、同一品种、同一尺寸、同一交货状态的钢材组成。目前我们国家对于钢筋的检验批规定不得大于 60 t,但对于钢材检验批的重量并没有明确的规定。检验批的确定跟国家钢材的加工水平和经济实力密切相关,同时也跟具体的工程实际情况相关,对一些重要部位的钢材和生产钢厂经验并不多的钢材,需逐张检验。对一些加工工艺成熟,质量稳定的钢材,则可以扩大检验批的重量要求。在这种情况下的处理办法是,召开专家讨论会,通过专家讨论会来确定钢材检验批的重量。如中央电视台新址工程召开了专门的专家会来确定钢材检验批的重量,并形成如下决议。

①对 Q235、Q355 且板厚小于 40 mm 的钢材,由于是国内工程中常规使用,钢厂生产工艺成熟,产品质量较为稳定,对每个钢厂首批(每种牌号 600 t)的钢板或型钢,同一牌号且不同规格的材料组成检验批,按 150 t 为一批,当首批复验合格则扩大至 400 t 为一批。

②对 Q235、Q355 且板厚大于或等于 40 mm 的钢材,对每个钢厂首批(每种牌号 600 t)同一牌号且不同规格的材料组成检验批,按 60 t 为一批,当首批复验合格则扩大至 400 t 为一批。

③对 Q390D、Q355GJC 和 A572Gr50 钢材,对每个钢厂首批(每种牌号 600 t)同一牌号且不同规格的材料组成检验批,按 60 t 为一批,当首批复验合格则扩大至 200 t 为一批。

④对 Q420D 和 Q460E 高强度钢材:化学分析、拉伸、冲击和弯曲性能复验,每个检验批由同一牌号、同一炉号、同一厚度、同一交货状态的钢板组成,且每批重量应不大于 60 t;厚度方向断面收缩率复验,215 级钢板每个检验批由同一牌号、同一炉号、同一厚度、同一交货状态的钢板组成,且每批重量应不大于 25 t,225、235 级钢板应逐张复验;厚度方向性能钢板应逐张进行探伤复验。

(2)复验的内容及试验结果评定标准:应按照《碳素结构钢》(GB/T 700−2006)、《低合金高强度结构钢》(GB/T 1591−2018)、《厚度方向性能钢板》(GB/T 5313−2010)、《高层建筑结构用钢板》(YB 4104−2000)等标准执行,对于国外牌号按相应的国外标准执行。复验内容总的来说包括化学成分分析和力学性能试验两部分。力学性能试验包括拉伸试验、夏比缺口冲击试验、弯曲试验几部分,若结构要求钢板的厚度方向性能,尚应进行厚度方向的拉伸性能试验。设计要求的其他性能试验,应根据工程的具体情况来确定。

(3)复验取样位置及复验试样的加工方法和试验标准,应按照国家相应的标准来执行,对于国外牌号按相应的国外标准执行。标准如下:

《钢及钢产品 力学性能试验取样位置及试样制备》(GB/T 2975−2018);

《钢的成品化学成分允许偏差》(GB/T 222−2006);

《钢铁及合金化学分析方法》(GB/T 223);

《金属材料　拉伸试验　第 1 部分:室温试验方法》(GB/T 228.1－2010);

《金属材料　弯曲试验方法》(GB/T 232－2010);

《金属材料　夏比摆锤冲击试验方法》(GB/T 229－2007);

《厚度方向性能钢板》(GB/T 5313－2010);

《厚钢板超声检测方法》(GB/T 2970－2016)。

尽管有以上种种的检验措施,但钢板的有些缺陷在过程中仍然无法探测到,或被忽略掉了,在结构受力以后,这些缺陷将会导致延迟裂缝的产生和开展,对结构的危害很大。避免上述问题的根本措施是慎重选择钢材生产厂家,尽量选用设备先进、工艺领先、质量稳定、经验丰富的大厂,钢材的质量才会比较有保障。

5.3　钢结构的深化设计

我国的建筑钢结构施工图设计采用两阶段设计法:第一阶段由建筑工程设计单位进行结构设计,确定构件的截面大小和结构内力;第二阶段由钢结构制作单位或专业的钢结构深化设计单位,进行钢结构的深化设计,绘制深化设计图纸,深化设计图纸是构件下料、加工和安装的依据。深化设计包括构造设计、节点设计和连接节点的计算。深化设计图纸数量多,主要包括构件装配图、构件加工图和节点详图并要求标注详尽。

钢结构深化设计过程,绝不仅仅是深化设计单位自己的事,而是包括原结构设计单位、钢结构加工与安装单位、其他有关联的施工单位之间相互合作、共同协商的过程。具体来说,深化设计中需要考虑的问题包括:

(1)结构预调整值:在结构施工工程中,结构会不断地产生位移变形,尤其是对一些倾斜或悬挑的结构,在施工过程中的位移变形会更显著,同时,结构建造完成时还应考虑一定的起拱要求。这样结构就必须进行逆变形的预调值,保证其最终的变形满足设计要求。预调值分为加工预调值和安装预调值,加工预调值主要调整构件的长短,而安装预调值主要考虑调整构件安装的角度。

(2)钢结构安装的方法及施工措施:应依据吊装设备选型和安装方法进行合理的分节或分段,塔式起重机安装、爬升所需的附加连接板件,构件吊装时所需的吊耳、临时连接板、临时变形加固结构等,符合现场安装条件的节点形式、焊缝形式等,吊装临时安装措施所需增加的连接板、螺栓孔等,其他根据结构需要的加固措施等。

(3)与土建结构施工的衔接措施:土建专业所需的钢筋接驳器或钢筋连接板,需穿过钢筋的孔眼,固定模板可能需要的连接件,与混凝土连接的栓钉,钢柱底板灌浆需开的孔洞,楼板混凝土施工需增加的钢支撑(包括永久性和临时性的)等。

(4)其他专业包括机电、幕墙系统和装饰专业的需求:机电管线穿过构件的预留孔洞开孔的加固措施,需埋设的连接件,机电设备基座需与钢结构连接的板件,设备吊装所需的与钢结构临时连接的板件,电梯系统与钢结构的连接固定板件,幕墙系统及装饰专业与钢结构的连接、固定板件、孔眼等。

（5）钢结构制作工艺及运输所需考虑的要求：符合制造加工工艺需要，满足焊接工艺需要，适于运输的需要。

（6）其他施工措施的需求：施工电梯与钢结构的连接板件，混凝土运输泵管与钢结构连接的板件，安全措施需临时固定在钢结构上的连接板件等。

当然，在深化设计时将以上所有的因素都考虑全面是不现实的，一些临时的或小的连接件可以在钢结构安装完成后再加焊，但应尽量在钢结构加工时考虑周全。

在深化设计过程中，钢结构深化设计单位与原结构设计单位及其他相关单位之间必须建立一种良好的互动关系，以及快速有效的协调机制，这是项目管理者须重点考虑的问题。这一机制不仅要保证相关单位的设计需求信息能够以正式文件提资的形式汇总到深化设计单位处，做到清楚、明白、准确、及时以及责任分明；另一方面，还要能够具备定期或不定期的沟通机制，来解决深化设计中存在的问题。

钢结构深化设计图的绘制工作量非常大，目前国内外都开发出了一些软件来提高深化图的设计效率。国内有中国建筑科学研究院 PKPM 系列的 STS 钢结构设计软件、同济大学3D3S 钢结构设计软件。但相比之下，国外的钢结构详图绘制软件更为成熟，如英国 AceC-AD 公司开发的 StruCAD 三维钢结构详图设计软件，Tekla 公司开发的 Xsteel 钢结构 3D 实体模型专业软件，在目前国内的钢结构施工详图的设计中都得到了广泛的使用。

钢结构深化设计图完成以后，应提交原结构设计单位进行审核，并签字认可，同时，深化图涉及的相关提资单位也应会签确认。

5.4　钢结构的加工制作

钢结构的加工制作是一个非常重要的环节，保证加工质量的手段依然是方案先行，样板领路。在钢结构加工前，加工单位应编制钢结构加工方案，并报监理方批准后执行。

5.4.1　钢结构加工的质量控制程序

钢结构加工质量控制程序如图 5-2 所示。

5.4.2　钢结构加工方案

加工方案应主要包括以下重点内容：项目管理组织和劳动力计划、加工进度计划及工期保证措施、钢结构加工工艺制作总则及特殊构件的制作工艺、质量保证体系及保证措施等。其中最重要的是加工工艺制作总则及特殊构件的制作工艺，必须明确构件的加工工艺流程，并针对流程中的各个环节，包括构件排版下料切割、零件矫平矫直、零件组拼固定、焊前预热、焊接、焊后保温、焊接变形矫正、应力消除、端面加工、冲砂、涂装等编制详细的工艺方法和技术措施。

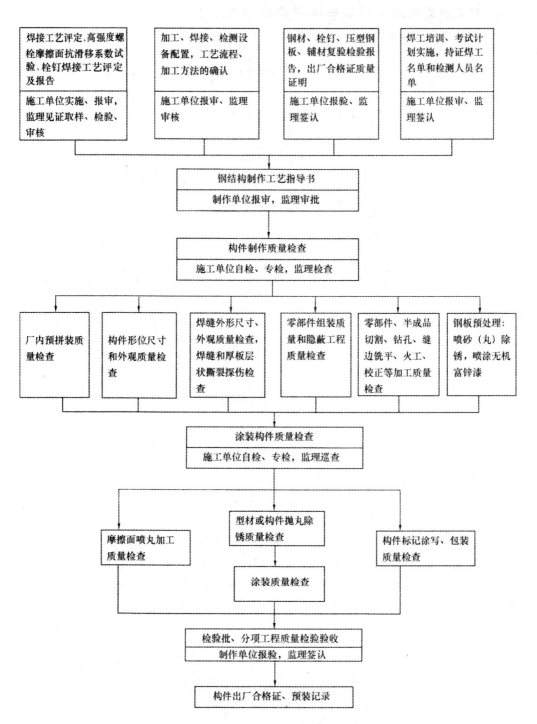

图 5-2　钢结构加工的质量控制程序

钢结构建筑装饰施工与管理研究

1. 加工方案示例 1：厚板焊接 H 型钢制造工艺

（1）厚板 H 型钢制作工艺流程图（见图 5-3）

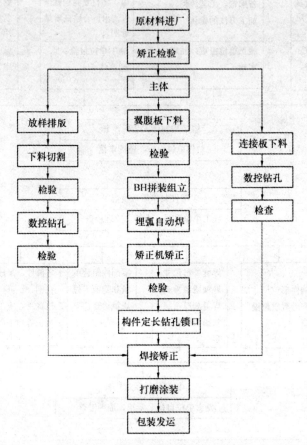

图 5-3　厚板 H 型钢制作工艺流程图

（2）放样

各施工过程，如钢板下料切割、H 型钢组合、各部件和零件的组装、构件预拼组装都需有专业放样工先进行计算机放样，另外放样时应按工艺要求预放焊接收缩余量，且严格按实际订制的材料进行合理排版，尽可能地提高材料利用率。对于构件外形过大，必须分段制作的杆件，分段位置可根据板长定，同时分段接头位置距节点应大于 500 mm，注意所有拼接接头避开跨中 1/3 区域，接头形式详见图 5-4。

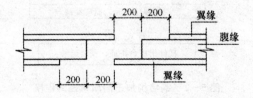

图 5-4　H 型钢的接头形式（单位：mm）

（3）画线与号料

对于尺寸较小的零件,在不必要用数控切割的情况下,采用人工画线、号料,用半自动切割机进行切割。

（4）下料切割

下料切割前钢板应用矫平机进行矫平,切割设备主要采用数控等离子、火焰多头直条切割机,带锯床,铣边机,剪板机等,对于较小的零件,如节点板等,用光电跟踪切割,切割要求严格按表 5-3 的标准执行。

表 5-3　下料切割允许偏差表

切割项目	允许偏差/mm
长度和宽度	+3
切割缺棱	不大于 1
端面垂直度	不大于板厚的 5% 且不大于 1.5
坡口角度	+50
板边直线度	不大于 3

（5）厚板 H 型钢焊接反变形设置

由于本工程中巨型柱、巨型桁架的焊接 H 型钢较多且钢板比较厚,而且腹板与上下翼缘的角焊缝要求为全熔透焊缝,焊接后上下翼缘板会产生较大的角变形,对于厚板的角变形,不易校正,为减少校正工作量,故在 H 型钢拼装前将上下翼缘板先预设反变形,反变形量按实际焊接变形情况定,反变形设置方法如图 5-5 所示。

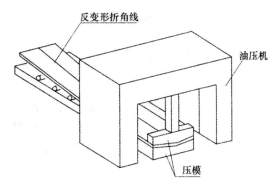

图 5-5　反变形设置方法示意图

（6）H 型钢的拼装组立焊接

①H 型钢拼装制作流程（见图 5-6）

ⅰ. 组装前先检查组装用零件的编号、材质、尺寸、数量和加工精度等是否符合图纸和工艺的要求,确认后才能进行装配。

ⅱ. 构件组装要按照工艺流程进行,拼制 H 型钢四条纵焊缝处 30 mm 范围以内的铁锈、油污等应进行打磨清理干净,直至露出金属光泽后才能进行拼装。

ⅲ. H 型钢的翼板和腹板下料后应标出翼板宽度中心线和腹板拼装位置线,并以此为基准进行 H 型钢的拼装。H 型钢拼装在 H 型钢梁拼装机上进行。为防止在焊接时产生的角变形过大,拼装时可适当用斜撑进行加强处理,斜撑间隔距离视 H 型钢翼腹板的厚度进行设置,如图 5-7 所示。

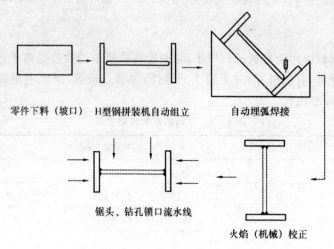

零件下料(坡口)　H型钢拼装机自动组立　自动埋弧焊接

锯头、钻孔锁口流水线

火焰(机械)校正

图 5-6　H 型钢拼装制作流程图

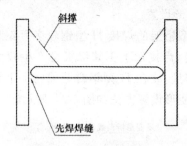

斜撑

先焊焊缝

图 5-7　斜撑设置示意图

ⅳ. H 型钢拼装定位焊所采用的焊接材料须与正式焊缝的要求相同,厚板的定位焊须用火焰进行预热,预热温度 100~150℃,定位焊的焊脚不应大于设计焊缝的 2/3,且不得大于 8 mm,厚板定位焊缝长度不得小于 60 mm,定位焊不得有裂纹、气孔、夹渣,否则必须清除后重新焊接。

②厚板 H 型钢的焊接

ⅰ. 将拼装好的 H 型钢吊入门型埋弧自动焊机焊接胎架上,安装引熄弧板,引熄弧材质与 H 型钢相同,调整焊机,准备焊接。

ⅱ. 用陶瓷电加热器将焊缝两侧 100 mm 进行预热,预热温度 100~150℃,加热过程中用测温仪进行测量,防止加热温度过高,待加热至规定温度后即可进行焊接。

ⅲ. 按焊接工艺评定参数,用埋弧焊进行自动焊接,焊接按图 5-8 所示的焊接顺序进行,先焊序号 1 焊缝,焊至设计焊缝的一半时,再焊序号 2 焊缝,同样先焊至一半,然后将 H 型钢翻转,拆去加强斜撑,进行焊缝背面的碳弧清根出白,注意反面清根必须彻底,不得有夹渣、熔合线存在,清根后检查根部是否有裂纹,确认达到要求后,再进行加热。

ⅳ. 达到加热温度后,进行序号 3 焊缝焊接,焊接前先用气体保护焊进行打底,打底时从中部向两边采用分段退焊法进行焊接,至少打 2~3 遍底,然后用埋弧焊进行焊接,直至盖面结束;再同样焊接序号 4 焊缝。

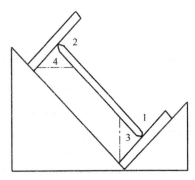

图 5-8 H 型钢焊接顺序示意图

Ⅴ.将 H 型钢翻转,进行序号 1、2 焊缝焊接,直至焊接结束。注意各顺序焊接时需连续预热,焊缝必须保证预热状态。

Ⅵ.在焊接过程中,应密切注意焊接过程中的焊接变形方向,以便在焊接时可随时调整焊接顺序。

Ⅶ.焊后待完全冷却后(48 h 后)进行无损探伤,具体探伤要求按设计要求进行。探伤合格后进行校正,校正采用火焰或机械校正,直至符合拼装公差要求。焊接 H 型钢装配公差要求如表 5-4 所示。

表 5-4　焊接 H 型钢装配公差表(mm)

H 型钢高度 $h<500,500<h<1000,h>1000$	$\pm2,\pm3,>\pm4$
H 型钢翼缘宽度	±3
翼缘与腹板的垂直度	$b/100$ 且 $\not>3$
腹板中心偏移	2
腹板局部平面度 $t<14,t\geqslant14$	3,4
扭曲	$b/250$ 且 $\not>5$

2.加工方案示例 2:大桁架的加工制作工艺

(1)施工方案的分析比较及确定

以图 5-9 所示的大桁架为例说明。由于本工程桁架跨度大,截面较高,中心跨度达到 28.8 m,截面高度达到 7 m 多,所以采取合理的分段划分和节点设计显得非常重要。

①施工方案 a:大桁架的上弦、中弦、下弦三根水平弦杆在长度方向上各分成三段,弦杆接头的连接、腹板均采用高强度螺栓连接节点,翼缘均为焊接节点,腹杆与弦杆的连接采用节点过渡,腹杆的腹板均采用安装螺栓连接的安装节点形式,翼板均采用焊接形式,构件加工后在厂内进行预拼装,运至现场拼装场地后,再进行整体预拼装,四方会签后交吊装单位吊装。

②施工方案 b:大桁架的上弦、中弦、下弦的分段要求和接头形式均和方案 a 相同,不同的是,腹杆与弦杆接头的连接形式不同,腹杆的腹板均采用高强度螺栓连接的安装节点,腹杆的翼板连接、构件加工、预拼装等与方案 a 相同。

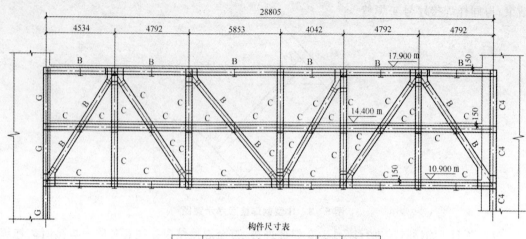

编号	截面尺寸(高×宽×腹板×翼缘)	类型	强度等级
B	H400×400×20×35	焊接	Q390D
C	H400×400×14×25	焊接	Q390D
C4	H400×400×14×25	焊接	Q345C
G	H400×400×14×25	焊接	Q345C

图 5-9　大桁架设计图(单位:mm)

③以上两种方案的分析比较:方案 a,腹杆采用定位安装螺栓连接,便于杆件的高空定位,较易达到设计安装精度,对于构件加工要求能保证满足质量要求,但是会增加高空焊接工作量;方案 b,腹杆采用高强度螺栓连接,对于杆件的加工精度要求较高,对整个桁架的变形,穿孔率的精度要求非常严格,由于厚板焊接后产生的残余应力较大,螺栓孔的精度很难保证,另外由于本工程桁架腹杆所用的钢板较厚,都在 25 mm 以上,如用高强度螺栓连接,则螺孔的排距很长,摩擦面范围很大,连接板外形尺寸较大,高强度螺栓用量较多,相对制作成本很高。

④据以上两种方案的分析,拟采取方案 a 的大桁架施工方案。

(2)大桁架施工工艺流程(见图 5-10)

(3)大桁架组装细则

①拼装余量及焊接收缩余量的加放要求

ⅰ.桁架上弦、中弦、下弦三根水平弦杆两端与钢柱连接处各加放 50 mm 拼装余量,此余量待在预拼装时进行切割,另外在所有弦杆中间的分段上一端均加放 30 mm 余量。

ⅱ.桁架高度方向须加放焊接收缩余量,即上弦杆与中弦杆间、中弦杆与下弦杆间高度均加放 3 mm 收缩余量。

ⅲ.所有腹杆一端正作,一端加放 30 mm 拼装余量。

ⅳ.如桁架设计有起拱要求,为保证桁架组装后的起拱值,则放样时须在实际拱高的基础上再加放一反变形量(此反变形量将根据桁架的自重、荷载进行位移计算确定),并在下料时就直接按放大后的拱度值进行下料。

②弦杆拼装要求

所有弦杆进行 H 型钢拼装焊接,要求详见厚板 H 型钢加工工艺要求,这里不再重新说明,焊后校正测量探伤,注意必须保证各接口处的断面尺寸要求,拼焊后所有弦杆余量暂时不得切割,待在总体预拼装时进行切割。

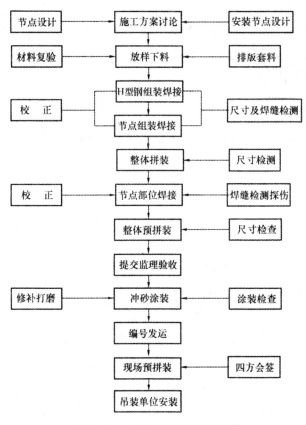

图 5－10　大桁架施工工艺流程图

③腹杆拼装要求

所有腹杆在下料时均以整根长度下料,即在拼接接头处不断开,再进行 H 型钢的拼装焊接,H 型钢的拼装焊接要求同前,焊后校正测量探伤,切割端部余量,然后在 H 型钢锯钻流水线上切割成三段,同时进行接口处的安装螺栓钻孔,这样可以保证腹杆的拼接接口处的断面尺寸一致,做到接口吻合,利于安装就位焊接。

④弦杆、腹杆、连接板钻孔要求

ⅰ. 所有弦杆腹板上的高强度螺栓孔待整体预拼装后进行钻孔,不得在焊接前钻孔,以防止焊接变形后引起孔距误差。

ⅱ. 腹杆上的两端安装螺栓孔均在锯钻流水线上进行钻孔。

ⅲ. 所有高强度螺栓连接板、安装定位螺栓连接板均在数控钻床上进行钻孔,不得画线钻孔。

⑤桁架整体组装

考虑到桁架外形尺寸较大,厚板焊接变形量大,易引起整体变形,故采用整体组装的方法组装,要求如下:

ⅰ. 设置整体组装胎架,胎架必须按要求画出桁架整体线型尺寸,包括起拱值(如设计有起拱要求)。

ⅱ.先把上、中、下三根弦杆分别吊上胎架进行定位,弦杆定位时从中部向两侧进行定位,保证与地面纵横向中心线的吻合,与胎架定位牢固。

ⅲ.吊上腹杆两端杆件,与胎架及弦杆定位,定位必须定对地面角度中心线、企口线和侧向水平中心线,侧向水平中心线必须与弦杆侧向水平中心线水平,并同时安装弦杆与节点处相对应的加劲肋板。

ⅳ.吊上斜腹杆和直腹杆,用销轴与节点进行定位,每个接头处用4只销轴,定位后检查腹杆与节点的板边差及焊缝间隙、翼缘整体平面度等,超差必须修正。

ⅴ.自检、专检合格后交监理检查,符合要求后方可进行焊接。

⑥桁架整体焊接

ⅰ.焊前将不焊处全部用色笔标明,注意中弦杆上面的5只节点由于超过运输高度,故此须在现场进行拼装,也不焊接。

ⅱ.先焊弦杆腹板上的加劲肋板,焊接时从中间向两侧焊接,焊接采用气体保护焊,以减少焊接变形。

ⅲ.焊接腹杆端部与弦杆的焊缝,焊接时先焊上弦节点板,再焊中弦下面的节点,最后焊下弦处的节点板,以使桁架挠度值保证为正值,焊接采用多层多道焊,并注意变形方向,随时调整焊接的顺序。

ⅳ.拆去腹杆,将弦杆翻身,重新与胎架定位,与前焊接顺序相同进行焊接,焊后在自由状态下校正变形,冷却后进行探伤。

⑦弦杆焊后残余应力的消除措施

ⅰ.由于弦杆与节点处的焊缝比较集中,焊接后将会产生较大的残余应力,当残余应力达到材料的屈服极限时,结构将会产生塑性变形,所以如何消除此残余应力非常重要,将会直接关系到桁架的制作质量。

ⅱ.如采取热处理的方法进行消应力处理,由于工件较大,热处理成本较高,显然不合实际。

ⅲ.采用振动时效法进行消应力处理。

ⅳ.振动时效工艺是给构件施加一定的周期性激振力,在激振力的作用下使构件产生振动,当动应力与构件残余应力叠加后,达到或超过构件材料的屈服极限时($\delta_{动} + \delta_{残} \geq \delta_{屈}$),构件将产生微观塑性变形,从而降低和均化构件内的残余应力,并使其尺寸精度达到稳定。

(4)桁架整体预拼装

①预拼装目的

预拼装的目的在于检验构件加工能否保证现场拼装、安装的质量要求,确保下道工序的正常运转和安装质量达到规范、设计要求,能满足现场一次吊装成功率,减少现场安装误差,所以预拼装在本工程加工过程中,显得尤为重要。

②预拼装内容

预拼装主要内容为桁架所有的弦杆、腹杆和节点的接口拼装以及与钢柱连接接口的预拼,切割弦杆余量、钻孔,标记。

③预拼装细则

ⅰ.预拼装胎架底线必须严格按要求画线,并提交检查员验收后方可使用。

ⅱ．先定位弦杆的中间段,定对纵横向中心线及节点角度线,切割端面余量,切割余量时必须注意焊缝间隙尺寸。

ⅲ．吊上所有节点和腹杆,用安装螺栓与连接板紧固,检查所有的眼孔是否正确,否则进行补孔或是重新钻孔。

ⅳ．把两侧钢柱吊上胎架定位,注意定对钢柱的母线方向(0°和90°母线)和楼层标高线及侧面母线的左右水平度,然后与胎架定位,检查与桁架弦杆、腹杆的连接接口,焊缝间隙尺寸。

ⅴ．用钻模配钻弦杆、腹板的高强度螺栓孔。

ⅵ．为配合现场的安装方便,必须做好各连接接口处的对合标记,中心线、对合线、标高线、水平线标记,并用洋冲标记,提交监理验收,同时做好各种数据的测量记录表,提供现场安装用。

ⅶ．确认无误后,编号拆开进行冲砂涂装、发运。

ⅷ．发运至现场后,将配合业主、安装单位要求再进行一次吊装前的整体预拼装,待业主、总包、监理、制作方四方会签后提交给安装单位安装。

(5)大桁架预拼装测量表及公差要求(见表5-5)

表 5-5 大桁架预拼装测量表及公差要求

项目		允许偏差/mm	检验方法
桁架最外端两个孔距离		+5.0 -10.0	钢尺检查
桁架跨中高度		+10.0	钢尺检查
相邻节间弦杆弯曲		L/1 000	钢尺检查
桁架跨中拱度	设计要求起拱	±L/5 000	钢尺检查
	设计未要求起拱	10 -5	
桁架长度		+5 -10	钢尺检查
焊缝间隙		-2.0 +3.0	钢尺检查
接口截面错位		2.0	钢尺检查
桁架节间距离		±3.0	钢尺检查
节点处杆件轴线错位		4.0	钢尺检查

5.4.3 钢结构加工的其他准备工作

1. 焊工考试

焊工是钢结构行业最重要的一个工种,必须持证上岗。我国的焊工培训主要是由国家各部、委的企业及相关行业系统的焊接培训机构承担,例如:机械工业的压力容器焊工、船舶工业的船级社焊工(CCS)、建筑行业的劳动部门普通焊工等。也有的焊工考取了美国焊接协会 AWS 焊工资格证书、美国机械工程师协会 ASME 焊工资格证书、欧洲 EN287 国际焊工资格证书等。其特点是焊工培训及资格证书非常不统一、不规范,且种类繁多,重复重叠,互不认可,缺乏统一性和通用性,焊工水平也参差不齐。因而焊工证书只能说明该焊工具备了一定的焊接技能,但很难充分说明该焊工就能够胜任某项工程。一方面因为焊工证书不能充分说明焊工的实际水平,另一方面因为每项工程都有其特点,有一些特殊的焊接工艺,因而会针对该项工程,对持证焊工进行专门的附加焊工考试,并颁发专门服务于某项工程的焊工证。如中央电视台新址工程和国家体育场工程就组织了专门的焊工考试,并颁发了特别为相应工程服务的焊工证。焊工考试应由具有相应资质的单位来组织进行,并须编制焊工考试计划,报监理审核批准。

2. 焊接工艺评定

焊接工艺评定是制定工艺规程技术文件的依据。按照《钢结构焊接规范》(GB 50661—2011)进行评定,一般工艺评定规定为除免予评定条件外,施工单位首次采用的钢材、焊接材料、焊接方法、接头形式、焊接位置、焊接热处理制度以及焊接工艺参数、预热和后热措施等各种参数的组合条件。应在钢构件制作及安装施工之前进行焊接工艺评定。

焊接工艺评定过程应由焊接结构制作安装企业根据所承担建造钢结构的设计节点形式、钢材类型、规格、采用的焊接方法、焊接位置,制定焊接工艺评定方案,拟订相应的焊接工艺评定指导书,并根据相应规范的规定施焊试件、切取试样并由具有国家技术质量监督部门认证资质的检测单位进行检测试验。最后根据检测结果提出焊接工艺评定报告,并应在钢结构构件制作及施工安装焊接之前完成。

焊接工艺评定合格后,由评定单位依据检验结果填写焊接工艺评定报告,连同焊接工艺评定指导书、评定记录表、评定试样检验结果表,汇总上报工程质量监督、验收部门。

3. 其他的工艺试验

(1)对于首次使用的钢材,应进行钢材的可焊性试验。

(2)对于首次使用的焊接材料,应进行相应的工艺试验。

(3)对于在低温条件下焊接高层钢结构工程,应进行低温焊接试验,这是因为高层钢结构多采用低合金结构钢,焊条多为低氢型焊条,两者在焊接时对温度和湿度都相当敏感,稍有不慎就有可能产生裂纹和延时裂纹,因而应进行低温焊接试验。

4. 统一量具

在构件加工过程中,需用到大量的量具,如钢尺、直角尺、卡钳等,在使用前必须统一标定,并校验其精度。

5.4.4 钢结构加工的过程质量控制

在焊接工艺评定的基础上,各种构件的制作工艺就可以完全确定下来。构件的加工应严格按照既定的加工工艺来执行,严格控制各个环节的加工质量。在所有的环节当中,焊接应该说是一个最重要的环节。下面将对钢结构加工各个环节的质量控制要点进行说明,焊接将是重点说明的环节。

1. 放样、号料及切割

放样是钢结构制作中的第一道工序,也是至关重要的一道工序。所谓放样是指核对图纸的尺寸,以 1∶1 的比例在样板台上弹出大样,然后制作样板和样杆,作为号料、弯制、铣、刨、制孔等加工的依据。样板可采用铁皮或塑料板制作,样杆可采用钢皮或扁铁制作,较短时可采用木尺杆。样板、样杆上应注明工号、图号、零件号、数量及加工边、坡口部位、弯折线和弯折方向、孔径和滚圆半径等。号料也称为画线,即利用样板、样杆或图纸,在板料及型钢上画出孔的位置和零件形状的加工线。切割即根据钢板或型材上的加工线进行切割下料。切割的方法常用的有机械切割、气割、等离子切割三种,一般情况下,机械切割主要用于薄钢板的直线形切割,气割多用于带曲线的零件和厚钢板的切割,而等离子切割主要用于不易氧化的不锈钢材料及有色金属如铜或铝的切割。其中,气割在钢结构的制作中运用最为广泛,各种手工、半自动和自动切割机使用非常广泛。还有数控切割,是一种新型的电子计算机控制切割技术,可省去放样、画线等工序而直接切割,在大型的钢结构加工厂也在大量使用。

对于以上的放样、号料及切割工序的质量控制,应着重注意以下几点。

(1)放样应采用计算机进行放样,以保证所有尺寸的绝对正确。

(2)钢材如有较大弯曲、凹凸不平等问题时,应先进行矫正后再号料。

(3)号料时,要根据锯、割等不同切割要求和对刨、铣加工的零件,预放不同的切割及加工余量和焊接收缩量。

(4)构件的切割应优先采用数控、自动或半自动气割,以保证切割精度。

(5)切口截面不得有撕裂、裂纹、棱边、夹渣、分层等缺陷和大于 1 mm 的缺棱并应去除毛刺。

2. 边缘加工和端部加工

在钢结构加工中,下述部位一般需要边缘和端部加工:吊车梁翼缘板、支座支承面等图纸有要求的加工面,焊接坡口,尺寸要求严格的加劲板、隔板、腹板等。边缘加工的方法主要有:铲边、刨边、铣边、碳弧气刨、气割和坡口机加工等。其中,气割是焊接坡口加工时最常用的方法,边缘和端部加工应满足规范的容许偏差要求。

3. 零件矫平矫直

在钢板比较厚的情况下,在切割过程中由于切割边所受热量大,冷却速度快,因此切割边存在较大的收缩应力,同时,国内的超厚板材普遍存在着小波浪的不平整,这对于厚板结构的加工制作,会产生焊缝不规则、构件不平直、尺寸误差大等缺陷,所以在钢结构加工组装前,应采用矫平机对钢板进行矫平,使钢板的平整度满足规范的要求 2 mm/m^2 或更高的要求。

4. 组装

亦称拼装、装配、组立。组装工序是把制备完成的半成品和零件按图纸规定的运输单元,装配成构件或者部件,然后将其连接成为整体的过程。简单说来就是把零件装配起来进行临时固定,并对尺寸进行调整校准,为下一步的焊接做好准备。

组装的方法包括地样法、立装、卧装及胎模装配法等。其中常用的是胎模装配法,即将构件的零件用胎模定位在其装配位置上的组装方法,这种方法的装配精度高,适用于形状复杂的构件,可简化零件的定位工作,改善焊接操作位置,有利于批量的生产,可有效提高装配与焊接的生产效率和质量。

对于组装的质量控制,应注意以下的几个方面。

(1)拼装必须按工艺要求的次序来进行,当有隐蔽焊缝时,必须先予施焊,经检验合格后方可覆盖。

(2)布置拼装胎具时,其定位必须考虑预放出焊接收缩量及齐头、加工的余量。

(3)为减少变形,尽量采用小件组焊、经矫正后再大件组装。胎具和装出的首件必须经过严格检验,方可大批进行装配工作。

(4)板材、型材的拼接,应在组装前进行;构件的组装应在部件组装、焊接、矫正后进行,以便减少构件的残余应力,保证产品的制作质量。

(5)构件的隐蔽部位应提前进行涂装。

(6)对于桁架的拼装,应特别予以重视:在第一次杆件组拼时,要注意控制轴线交点,其允许偏差不得大于 3 mm,第一次组拼完成后进行构件的焊接。一个桁架通常会分成多个构件以便于运输,在各个构件焊接完成后,还应将所有构件一起进行整榀桁架的预拼装,对于变形超标的部位要予以调整,以保证桁架在现场能够顺利安装成功。

5. 焊接

钢结构焊接前应进行焊接工艺评定试验,并编制焊接工艺评定报告,焊接工艺评定报告应包括:焊接方法和焊接规范;焊接接头形式及尺寸、简图;母材的类别、组别、厚度范围、钢号及质量证明书;焊接位置;焊接材料的牌号、化学成分、直径及质量证明书;预热温度、层间温度;焊后热处理温度、保温时间;气体的种类及流量;电流种类及特性;技术措施,操作方法、喷嘴尺寸、清根方法、焊接层数等;焊接记录;各种试验报告;焊接工艺评定结论及适用范围。焊接工艺评定合格后应编制正式的焊接工艺评定报告和焊接工艺指导书,根据工艺指导书及图样的规定,编写焊接工艺,根据焊接工艺进行焊接施工。

焊接质量控制的关键是严格按照焊接工艺的要求来施焊。重点应抓住以下的环节。

(1)施焊前应复查装配质量和焊区的处理情况。对接接头、自动焊角接接头及要求全焊透的焊缝,应在焊道的两端设置引弧和引出板,其材质和坡口形式应与焊件相同。埋弧焊的引板引出焊缝长度应大于 50 mm,手工电弧焊和气体保护焊应大于 20 mm。焊后用气割切除引板,并修磨平整。

(2)引弧应在焊道处,不得擦伤母材,焊接时的起落弧点距焊缝端部宜大于 10 mm,弧坑应填满。

(3)多层焊接宜连续施焊,注意各层间的清理和检查。

(4)焊条、焊剂和栓钉焊用瓷环在使用前必须按产品说明书及有关工艺文件规定的技术要求进行烘干。

(5)常用的焊接方式主要包括手工电弧焊、埋弧自动焊、CO_2 气体保护焊、电渣焊等,各种焊接方式应严格控制其焊接工艺参数。手工电弧焊的工艺规范参数有焊接电流、焊条直径和焊接层次,埋弧自动焊的工艺规范参数有焊接电流、电弧电压、焊接速度、焊丝直径及焊丝伸出长度等,CO_2 气体保护焊的主要规范参数有焊接电流、电弧电压、焊丝直径、焊接速度、焊丝伸出长度、气体流量等。

（6）厚板焊接时，施焊前应进行预热，焊后进行后热。预热温度一般控制在 $100\sim150℃$，后热温度应由试验确定，一般为 $200\sim350℃$，保温 $2\sim6\ h$ 后空冷。当没有成熟经验时，预热和后热温度应通过试验确定。预热区应在焊道两侧，每侧宽度均应大于焊件厚度的 2 倍，且不应小于 $100\ mm$。常用的加热方法主要有火焰加热法和电加热法，火焰加热法简单易行，电加热法则是用电加热板围在构件表面进行加热，加热温度均匀，保温效果好，应优先采用电加热法，但电加热法的投资较高。国家体育场工程和中央电视台新址工程均采用了电加热法进行预热，对于保证焊接质量非常有好处。

（7）厚板的焊接过程中，须考虑防层状撕裂的措施。防止层状撕裂须考虑钢结构的设计连接方式，以及焊接工艺与连接的材料性能一致。在可能出现层状撕裂的连接中，应通过设计保证构件最大限度的柔性和最小焊缝收缩变形。

6. 焊接变形矫正

钢结构矫正就是通过外力或加热作用，利用钢材的塑性、热胀冷缩的特性，以外力或内应力作用迫使钢材产生反变形，消除钢材的弯曲、翘曲、凹凸不平等缺陷，以使材料或构件达到平直及一定几何形状要求，并符合技术标准的工艺方法。

矫正包括原材料的矫正、成型矫正及焊后矫正等，常用的矫正方法主要是机械矫正和火焰矫正。机械矫正是通过施加外力来进行矫正，常用的矫正机械有辊式平板机、顶直矫正机、翼缘矫平机等。火焰矫正则是利用钢结构的内应力进行矫正，利用了钢材经过加热再冷却后，冷却后的长度会比原来未受热前有所缩短的特性。火焰加热采用烤枪来进行，加热方法有点状加热、线状加热和三角形加热三种方式，应根据工程需要灵活采用。

7. 消除焊接应力的措施和方法

构件焊接时产生瞬时内应力，焊接后产生残余应力，并同时产生残余变形，这是不可避免的客观规律。残余应力在结构受载时内力均匀化的过程中往往导致塑性变形区扩大，局部材料塑性下降，从而对构件承受动载条件、三向应力状态、低温环境下使用有不利影响。对于一些构件截面厚大、焊接节点复杂、拘束度大、钢材强度级别高、使用条件恶劣的重要结构要特别注意焊接应力的控制。

减少焊接残余应力的措施有：

（1）尽量减少焊缝尺寸，避免局部加热循环而引起残余应力。

（2）减小焊接拘束度：拘束度越大，焊接应力越大，首先应尽量使焊缝在较小拘束度下焊接。如长构件需要拼接时，要尽量在自由状态下施焊，不要待到组装时再焊。并且应尽可能不用刚性固定的方法控制变形，以免增大焊接拘束度。

（3）采取合理的焊接顺序：在焊缝较多的组装条件下，应根据构件形状和焊缝的布置，采取先焊收缩量较大的焊缝，后焊收缩量较小的焊缝，先焊拘束度较大而不能自由收缩的焊缝，后焊拘束度较小而能自由收缩的焊缝的原则。

（4）降低焊件刚度，创造自由收缩的条件。

（5）锤击法减小焊接残余应力：在每层焊道焊完后立即用圆头敲渣小锤或电动锤击工具均匀敲击焊缝金属，使其产生塑性延伸变形，并抵消焊缝冷却后承受的局部拉应力。

（6）焊后消除残余应力的方法主要有整体退火消除应力法、局部退火消除应力法、振动法等，以整体退火消除应力法的效果最好，同时可以改善金属组织的性能。振动法一般应用于要求尺寸精度稳定的构件消除应力。

8. 焊缝的检测和焊缝的返修

焊接完成以后，应进行焊缝的检测，以检验焊缝的焊接质量。在建筑钢结构中，一般将焊缝分为一级、二级、三级共三个质量等级，不同质量等级的焊缝，质量要求不一样，规定采用的检验比例、验收标准也不一样。《钢结构设计标准》(GB 50017－2017)根据结构的重要性、实际承受荷载特性、焊缝形式、工作环境以及应力状态等来确定焊缝的质量等级。焊缝的质量等级一般由设计方来确定，在设计方没有明确要求的情况下，可以按照钢结构设计规范的要求来处理。

焊缝的检测分为外观检查和无损检测两项。外观检查主要是对焊缝的表面形状、焊缝尺寸进行检查，同时检查焊缝表面是否存在咬边、裂纹、焊瘤、弧坑、气孔等表面缺陷。焊缝的无损检测是采用专业的仪器对焊缝内部缺陷和表面的微小裂缝进行检查，检测方法主要有超声波探伤和磁粉探伤，射线探伤和渗透探伤因种种缺陷，目前已较少采用。

超声波检测用来检测焊缝内部缺陷。对于超声波检测，一级焊缝应100%进行超声波检测，二级焊缝20%进行超声波抽检，三级焊缝则不要求进行超声波检测，只需进行表观检测即可。对于低合金钢，焊缝应在焊后24 h 以后进行检测，对于 Q460 级及以上高强度低合金钢，焊缝应在焊后48 h 以后进行检测。其原因是因为焊缝在焊后冷却及更长的一段时间内，都有可能产生延迟裂纹。高强度低合金钢随着强度的提高，产生延迟裂纹的可能性越大，延迟时间越长。

焊缝同时也需进行表面探伤。外观检查发现有裂纹或怀疑有裂纹时，设计要求需进行表面探伤时，均需进行表面探伤。表面探伤的手段是磁粉探伤。

焊缝检测完成后，必须出具焊缝检测报告，检测报告应具有 CMA 章，并存档备查。焊缝检测人员必须持证上岗。

经无损检测确定焊缝内部缺陷超标时，必须进行返修。返修前应编写返修方案，经相关各方批准后予以实施。同一部位焊补次数不宜超过 2 次。

9. 除锈

在钢结构构件制作完成后，应进行除锈。除锈的方法包括喷砂、抛丸、酸洗、砂轮打磨等几种方法。喷砂选用干燥的石英砂，粒径 0.63～3.2 mm，除锈效果好，但对空气污染严重，在城区一般不容许使用。抛丸采用的是直径 0.63～2 mm 的钢丸或铁丸，除锈效果好，可反复使用 500 次以上，成本最低，目前的使用最为广泛。酸洗是化学除锈，目前在钢结构工程中很少采用。砂轮打磨，包括钢丝刷除锈都是手工除锈的方法。

除锈等级根据除锈方法的不同分为两个系列：一是采用喷砂或抛丸除锈，分为 Sa2、Sa2.5、Sa3 三个等级，Sa2.5 为较彻底的除锈，在工程中的采用较多；二是手工或动力工具除锈，分为 St2、St3 两个等级，St3 采用较多。

高强度螺栓连接是钢结构工程中常用的连接方法，摩擦面须经过加工和处理，确保处理后的摩擦面的抗滑移系数符合设计文件的要求（一般为 0.45～0.55）。摩擦面的处理一般有喷砂、抛丸、酸洗、砂轮打磨等几种方法,其中,以喷砂、抛丸处理过的摩擦面的抗滑移系数值较高,且离散率较小,故为最佳处理方法。处理过的摩擦面不宜再涂刷油漆,否则抗滑移系数必然降低,最高也只能达到 0.40。经过处理后的摩擦面是否达到要求的抗滑移系数值,须经过摩擦面抗滑移系数试验来确定。

10. 涂装

在钢结构表面除锈完成以后,应尽快进行防腐底漆的涂装。涂装前,应编制涂装方案及涂装工艺,并满足设计文件的要求。当设计文件对涂层厚度无要求时,一般宜涂装四到五遍,涂层干漆膜总厚度应达到以下要求:室外应为 150 μm,室内应为 125 μm,其容许偏差为 −25 μm。每遍涂层干漆膜厚度的容许偏差为 −5 μm。漆膜的厚度应采用漆膜测厚仪来测量。

保证防腐涂装的质量关键是必须按照涂料产品说明书要求的涂装工艺来进行,对环境温度和湿度须加以控制。雨雪天不得进行室外作业。涂装应均匀,无明显起皱、流挂,附着应良好。

5.4.5　钢结构构件的质量验收工作

构件制作完成以后,必须经验收合格后才能包装发运,同时应形成完整的验收资料。构件的验收分为过程验收和成品验收两个阶段:在过程验收阶段,主要是进行加工尺寸的控制,着重进行焊缝的无损检测;在成品验收阶段,则着重对外形尺寸、外观质量等方面进行检查。

构件验收的标准是国家和行业标准、规范,设计文件及图纸的要求。但因为工程的结构形式是千变万化的,钢结构的验收项目和标准应在满足国家和行业标准及设计文件要求的前提下,根据各工程的具体情况来确定。如果出现了国家和行业标准规范不能涵盖的技术内容,则应专门制定针对该项目的验收标准,通过专家委员会的审查以后,报建委备案,作为该项工程的钢结构验收标准。如国家体育场工程和中央电视台新址工程都制定了针对相应工程的钢结构制作和安装的验收标准。

钢结构制作单位在成品出厂时应提供钢结构出厂合格证书及技术文件,包括:①施工图和设计变更文件,设计变更的内容应在施工图中相应部位注明;②制作中对技术文件问题处理的协议文件;③钢材、连接材料和涂装材料的质量证明书和试验报告;④焊接工艺评定报告;⑤高强度螺栓摩擦面抗滑移系数试验报告、焊缝无损检测报告及涂层检测资料;⑥主要构件验收记录;⑦预拼装记录;⑧构件发运和包装清单。以上证书、文件是作为建设单位的工程技术档案的一部分而存档备案的。上述内容并非所有工程中都有,而是根据工程的实际情况,按规范的有关条款和工程合同规定的有关内容提供的资料。

验收的程序是,钢结构单位先进行自检,自检合格后报监理进行验收。

钢结构构件验收合格后,就可以运输到施工现场进行安装。

参考文献

[1] 伯克. 项目管理:计划与控制技术[M]. 陈勇强,汪智慧,张浩然,等译. 北京:中国建筑工业出版社,2008.

[2] 鲍广鑑. 钢结构施工技术及实例[M]. 北京:中国建筑工业出版社,2005.

[3] 陈富生,邱国桦,范重. 高层建筑钢结构设计[M]. 2版. 北京:中国建筑工业出版社,2004.

[4] 陈治,王朝阳,程鹏,等. 深圳证券交易所营运中心钢结构施工技术[J]. 施工技术,2010(10):15-20.

[5] 崔晓强,胡玉银,吴欣之. 超高层建筑钢结构施工的关键技术和措施[J]. 建筑机械化,2009(06):46-48.

[6] 董卫华. 钢结构[M]. 北京:高等教育出版社,2002.

[7] 钢结构设计手册编辑委员会. 钢结构设计手册[M]. 北京:中国建筑工业出版社,2004.

[8] 何伯森. 国际工程合同与合同管理[M]. 2版. 北京:中国建筑工业出版社,2010.

[9] 何敏娟. 钢结构复习与习题[M]. 上海:同济大学出版社,2002.

[10] 侯兆欣. 钢结构工程施工质量验收规范实施指南[M]. 北京:中国建筑工业出版社,2002.

[11] 李凤臣. 钢结构设计原理[M]. 广州:华南理工大学出版社,2013.

[12] 李国强,刘玉姝,赵欣. 钢结构框架体系高等分析与系统可靠度设计[M]. 北京:中国建筑工业出版社,2006.

[13] 刘大海,杨翠如. 高楼钢结构设计[M]. 北京:中国建筑工业出版社,2003.

[14] 刘维庆,雷书华. 土木工程施工招标与投标[M]. 北京:人民交通出版社,2002.

[15] 马东. 轻型钢结构设计指南[M]. 北京:中国建筑工业出版社,2000.

[16] 聂建国,樊健生. 钢与混凝土组合结构设计指导与实例精选[M]. 北京:中国建筑工业出版社,2008.

[17] 邱德隆,李久林,乔峰,等. 国家体育场钢结构——"鸟巢"屋盖安装的支撑体系及卸载施工技术[J]. 建筑施工,2007(10):773-778.

[18] 沈祖炎,陈扬骥,陈以一. 钢结构基本原理[M]. 2版. 北京:中国建筑工业出版社,2005.

[19] 唐丽萍. 钢结构制造与安装[M]. 北京:机械工业出版社,2008.

[20] 田威. FIDIC合同条件实用技巧[M]. 2版. 北京:中国建筑工业出版社,2002.

[21] 汪大绥,张坚,包联进,等. 世茂国际广场主楼结构设计[J]. 建筑结构,2007(5):

13 – 16.

［22］汪大绥,周建龙,袁兴方. 上海环球金融中心结构设计[J]. 建筑结构,2007(5):
8 –12.

［23］汪家铭,中岛正爱. 屈曲约束支撑体系的应用与研究进展[J]. 建筑钢结构进展,
2005,7(1):1 – 12.

［24］魏明钟. 钢结构[M]. 武汉:武汉工业大学出版社,2002.

［25］张琨. 中央电视台新台址主楼结构施工[J]. 北京:中国建筑工业出版社,2009.

［26］张其林. 轻型门式刚架[M]. 山东:山东科学技术出版社,2004.

［27］赵昕,丁洁民,孙华华,等. 上海中心大厦结构抗风设计[J]. 建筑结构学报,2011,
7(1):1 – 7.

［28］中国钢结构协会. 建筑钢结构施工手册[M]. 北京:中国计划出版社,2005.

［29］周绥平. 钢结构[M]. 武汉:武汉工业大学出版社,2000.